国家自然科学基金项目（41271159）
陕西省教育厅自然科学基础计划研究项目（16JK1828）
陕西省普通高校优势学科建设项目（历史地理学：0602）
咸阳师范学院"青年骨干教师"培养计划（XSYGG201609）
咸阳师范学院学术著作出版基金
资助

内蒙古苏贝淖湖泊沉积记录与环境演变

刘宇峰／著

科学出版社
北京

内 容 简 介

　　本书选择鄂尔多斯高原南部毛乌素沙漠地区的苏贝淖及其流域为研究对象,通过野外考察,在湖区剖面采集沉积物样品,利用加速器质谱碳十四测年及光释光测年法测定沉积物样品的年龄,由此建立相对可靠的剖面年代序列框架;同时结合剖面沉积物的粒度、磁化率、地球化学元素、有机质及碳酸盐五大指标的综合分析,重建苏贝淖流域全新世以来的气候环境演变序列。研究成果对深入研究和理解该地区气候环境的演变过程和机制以及区域响应具有重要意义。

　　本书可供地理学、第四纪地质学、环境科学等相关专业的研究人员,以及高等院校相关专业的本科生、研究生阅读和参考。

图书在版编目(CIP)数据

内蒙古苏贝淖湖泊沉积记录与环境演变 / 刘宇峰著. —北京:科学出版社,2017.3
　ISBN 978-7-03-051837-8

　Ⅰ. ①内⋯　Ⅱ. ①刘⋯　Ⅲ. ①湖泊沉积作用-研究-内蒙古　②湖泊-环境演化-研究-内蒙古　Ⅳ. ①P512.2　②P942.260.78

　中国版本图书馆 CIP 数据核字(2017)第 032554 号

责任编辑:陈　亮　范鹏伟 / 责任校对:彭　涛
责任印制:张　伟 / 封面设计:黄华斌

科 学 出 版 社 出版
北京东黄城根北街 16 号
邮政编码:100717
http://www.sciencep.com

北京建宏印刷有限公司 印刷
科学出版社发行　各地新华书店经销
*
2017 年 3 月第　一　版　开本:720 × 1000 1/16
2022 年 1 月第二次印刷　印张:10
字数:180 000

定价:**98.00 元**
(如有印装质量问题,我社负责调换)

前　言

　　在全球人口增长及社会经济迅速发展的过程中，地球环境受到了前所未有的强烈干预，由此产生的诸如气候变暖、土地退化与沙漠化、水资源短缺、植被退化、自然灾害频发等区域性和全球性环境变化问题对人类的生存及经济社会的可持续发展构成严重威胁。因此，环境变化问题已成为众多学科领域的研究重点。过去全球变化（Past Global Changes，PAGES）是国际地圈生物圈计划（International Geosphere-Biosphere Program，IGBP）研究的重点计划之一，其研究的时间尺度经历了新生代、第四纪、全新世（早期、中期、晚期）以及百年或十年际等多个时段。由于人类社会的发展、繁荣、富强都发生在全新世，全新世环境演变研究逐步成为过去全球变化研究的热点问题。

　　目前，可通过岩石和地层学、生物与生态学、地球化学、地球物理学、考古学、文献记载、仪器监测记录等进行环境演变研究，其中岩石和地层学（主要是海洋沉积物和大陆沉积物）是研究环境演变的重要依据。湖泊作为一种相对独立的大陆自然生态系统，其发展演变受岩石圈、水圈、大气圈、生物圈等共同作用的影响。湖泊沉积物蕴含的环境信息是千年时间尺度上全球环境演变研究的重要载体。我国幅员辽阔，自然地理环境复杂，湖泊数量众多且分布广泛，利用湖泊沉积物来揭示区域环境变化已成为一种惯用手段。

　　内蒙古南部鄂尔多斯高原位于东亚季风区的边缘地带，是典型的干旱、半干旱生态脆弱区。作为对气候环境变化响应非常敏感的关键地理区域，其全新世的环境演变研究具有不可替代的作用。鄂尔多斯虽为干旱高原，河流较少，地表径流发育较差，但该地区分布有众多内陆湖泊，这为全新世环境演变研究提供了重要的信息载体。至目前，已有部分学者利用该地区的湖泊沉积物建立了区域气候环境演化序列，但是在空间分布上仍然存在空白区，且研究成果具有不确定性，相互之间存在差异，因此还需要投入更多的工作，进行区域对比研究，进一步加深对气候变化及其区域响应的认识和理解。

本书以鄂尔多斯高原毛乌素沙漠地区的苏贝淖及其流域为研究对象，选取湖区剖面采集沉积物样品，通过实验测定与分析，研究湖区及其流域的环境演变。全书共分 6 章，第 1 章绪论，主要介绍全新世环境演变、湖泊沉积与环境演变的研究现状和进展，并指出本书的研究内容、研究方法；第 2 章主要介绍研究区的自然地理状况；第 3 章概括湖泊沉积物样品的采集方法与过程，描述沉积物剖面特征，介绍沉积物年代学研究方法，并分析环境代用指标的指示意义和测定方法；第 4 章是实验结果分析，主要对沉积物的粒度、磁化率、地球化学元素、烧失量和碳酸盐含量的变化特征进行系统分析；第 5 章基于沉积物年代标尺，利用粒度、磁化率等多种环境指标分析苏贝淖流域的环境演化历史，并与周边区域已有的环境演变研究成果进行对比分析和讨论；第 6 章是结论和展望，提出本书研究的主要结论，并分析研究存在的不足及有待解决的问题。

本书涉及大量的野外采样和室内实验工作，感谢王恒松、陈见影、马倩、鲍锋、王继夏、王效锋、郑鹏、李创新博士和李艳龙、李艳茹、孔伟、安彬硕士的帮助。同时要感谢咸阳师范学院的领导和同事对本书出版的鼎力相助。科学出版社范鹏伟先生对本书出版给予了大力支持，付出了辛勤的劳动，在此表示诚挚的感谢！

环境演变是一个涉及多学科交叉研究的问题，更是一个长期的全球性问题，该研究领域中遇到的诸如测年、环境代用指标的选取及指示意义等问题仍是未来长时期内研究的重点和难点，需要进一步深入研究。由于作者知识水平和能力有限，书中疏漏和不当之处在所难免，敬请广大读者批评指正，以便在今后的工作中完善和修改。

刘宇峰

2017 年 2 月 15 日

目　　录

前言 ……………………………………………………………………………… i
第1章　绪论 …………………………………………………………………… 1
　1.1　研究背景及意义 ………………………………………………………… 1
　1.2　环境演变研究进展 ……………………………………………………… 4
　　1.2.1　全新世环境演变研究进展 ………………………………………… 4
　　1.2.2　湖泊沉积与环境演变研究进展 …………………………………… 7
　　1.2.3　湖泊演化研究原理与方法 ………………………………………… 13
　1.3　研究的内容、方法和工作量 …………………………………………… 16
　　1.3.1　研究内容 …………………………………………………………… 16
　　1.3.2　研究方法及技术路线 ……………………………………………… 17
　　1.3.3　研究的工作量 ……………………………………………………… 17
第2章　研究区域概况 ………………………………………………………… 19
　2.1　地理位置 ………………………………………………………………… 19
　2.2　地质条件 ………………………………………………………………… 21
　2.3　地貌条件 ………………………………………………………………… 23
　2.4　水文水资源条件 ………………………………………………………… 26
　2.5　植被与土壤条件 ………………………………………………………… 27
　2.6　气候条件 ………………………………………………………………… 29

第 3 章　沉积物样品的采集与研究方法 ·· 31
　3.1　沉积物样品采集 ··· 31
　3.2　沉积剖面特征 ··· 33
　3.3　沉积物年代学研究方法 ··· 35
　　　3.3.1　光释光测年 ··· 35
　　　3.3.2　^{14}C 测年 ··· 39
　　　3.3.3　环境代用指标的指示意义及测定方法 ·················· 47
第 4 章　环境代用指标实验结果及分析 ·· 67
　4.1　沉积物粒度变化特征 ··· 67
　　　4.1.1　粒度组成 ··· 67
　　　4.1.2　粒度参数特征 ·· 71
　　　4.1.3　粒度频率曲线特征 ··· 75
　4.2　沉积物磁化率变化特征 ··· 79
　4.3　沉积物地球化学元素的组成与分布特征 ························· 86
　　　4.3.1　常量元素分析 ·· 86
　　　4.3.2　微量元素分析 ·· 94
　　　4.3.3　元素对比值分析 ··· 106
　4.4　沉积物烧失量变化特征 ··· 110
　4.5　沉积物碳酸盐含量变化特征 ·· 113
第 5 章　苏贝淖全新世环境演化过程重建 ····································· 119
　5.1　沉积物剖面年代标尺的建立 ·· 119
　　　5.1.1　年龄测定结果 ·· 119
　　　5.1.2　年代标尺的建立 ··· 121
　5.2　苏贝淖全新世环境演化重建 ·· 122
　　　5.2.1　SBN-1 剖面沉积物环境代用指标综合分析 ············· 123
　　　5.2.2　SBN-2 剖面沉积物环境代用指标综合分析 ············· 125
　　　5.2.3　苏贝淖全新世以来的环境演化历史 ···················· 128
　5.3　苏贝淖全新世环境记录与区域气候的对比及讨论 ············· 130
第 6 章　结语 ··· 136
　6.1　结论 ··· 136
　6.2　展望 ··· 138
参考文献 ··· 140

第1章　绪　　论

1.1　研究背景及意义

　　地球环境是在不断发展变化的，而人类的出现，对这种原本只受自然支配的变化产生了一定干预。在人类诞生初期，其对环境的干预作用微乎其微，但随着人类社会的迅速发展，这种干预就变得愈发全面和深刻，进而产生了一系列重大的环境问题，这严重影响到人类自身的生存和发展。当前，人类面临的主要环境问题涉及多个方面，如全球气候变暖、世界人口剧增、土地退化与沙漠化、植被覆盖率下降、淡水资源减少、自然灾害频繁发生等（联合国社会发展研究所，1997）。环境变化具有区域性和全球性特征，其主要原因是地球表层作为一个巨大的生态系统，环境因子随着该系统中的能量和物质流动影响全球的环境变化（夏建新等，2006）。基于上述原因，国际社会及相关领域专家、学者都对环境问题给予高度关注并投入了大量的研究工作。

　　早在17世纪，一些西方科学家就曾试图利用地层中的各种生物化石来解释地球环境演变的原因。英国地质学家赫顿（J. Hutton，1726—1797年）在18世纪后期撰写了著名的专著 *Theory of Earth*，首次提出了均变论的学术思想。19世纪初期，在赫顿和其他学者的影响下，被誉为"冰川学奠基人"的路易斯·阿加西（Louis Agassiz，1807—1873 年）于 1840 年对欧洲阿尔卑斯山的冰川进行了全面研究，并发展了冰川理论，后来他的冰川理论逐步得到了国际科学界的认可。1901—1909 年，德国地理、地质学家瓦尔特·彭克（Walther Penck，1888—1923 年）与爱德华·布吕克纳（Eduard Brückner）合作发表了《冰川时代的阿尔卑斯山》，详细研究了欧洲阿尔卑斯山的冰川沉积，并对第四纪冰期进行了详细的划分。南斯拉夫地质学天文学家米兰科维奇（M. Milanko-vich，1879—1958 年）于 1920 年提出气候变化的天文学说，认为地球轨道周期变化是第四纪气候演变及冰期形成的重要影响因素；1922 年，奥地利天文学家、地球物理学家魏格纳（Alfred Lothar Wegener，1880—1930 年）在地质地貌、地球物理、气候、生物等学科领域搜集了丰富的关于地球环境变迁的数据资料，在此基础上提出了著名的"大陆漂移学说"，这对以后的全球环境演变研究产生了较为深远的影响（魏格纳，2006）。

20 世纪 40 年代以后，环境演变研究取得了迅速的发展，一些较先进的技术方法和手段应用到环境演变研究中来，如利用放射性同位素的衰变特性测定沉积物的绝对年龄、沉积物氧同位素的分析、古地磁的测量等。到了 20 世纪 60 年代，在魏格纳"大陆漂移学说"的基础上，美国地质学家迪茨提出"海底扩张学说"，随后法国科学家勒比逊于 1968 年提出"板块构造学说"，也称为"全球大地构造学说"，这些学说对全球岩石圈的发展演变规律进行了较为详细的解释。新的理论方法和新技术手段的发现及应用，对全球环境演变研究起了很大的促进作用，其中更新世、全新世的全球环境演变研究受到了国际地理研究者的青睐。进入 20 世纪 80 年代以来，全球变化科学成为地球系统科学研究的焦点和热点问题（陈宜瑜等，2002）。1986 年，国际科学联合会理事会（ICSU）组织了 4 个全球变化研究计划，即世界气候研究计划（World Climate Research Programme，WCRP）、全球环境变化的人文因素变化（The International Human Dimensions Programme，IHDP）、生物多样性计划（Biological Diversity Plan）和国际地圈生物圈计划（International Geosphere-Biosphere Program，IGBP）。过去全球变化（Past Global Changes，PAGES）是国际地圈生物圈计划研究的重点计划之一，其研究的目的就是"通过过去地球表面环境变化规律和机制的研究，弥补现代器测记录的不足，获得现代地球环境、气候变化规律和机制的理解，寻找与今天状况接近或相似的'历史相似型'，从而为未来环境和气候变化预测服务"（安芷生和符涂斌，2001）。

20 世纪 80 年代以来，全球人口数量迅速增长，加之科学技术发展迅猛，人类改造地球环境的能力和范围大大加强，由此而产生的环境问题也出现了"由点向面"式的发展趋势，即由局部性、地区性问题逐渐发展成为全球性问题，因此以区域环境变化研究为重点，加强区域环境变化研究的全球性已成为众多学科领域普遍关注的热点问题（陈伴勤和方修琦，2004；葛全胜等，2004；陈力奇，2003；延军平，2006）。过去全球变化研究在时间上主要注重两种尺度：一是长时间尺度的环境演化研究，即过去 200 ka 以来的冰期–间冰期旋回，着重研究地球系统长时间演变的动力过程；二是近 2 ka 以来的短时间尺度环境演化研究，主要研究不同历史时期各种自然因素与人类活动对环境变化的影响和作用。随着过去全球变化研究方法和技术的不断改进，如测年技术的不断改进，过去全球变化研究的时间尺度经历了新生代、第四纪、全新世早期、全新世中期、全新世晚期以及百年或十年际时间尺度等多个时段。全新世是地质历史时期最年轻也是最重要的一个时代，因为它对人类具有十分重要的意义，人类社会的发展、繁荣、富强都发生在全新世。全新世环境演化规律与现在及未来的环境条件变化相比更为接近，因此，深刻了解和认识全新世的环境演化对于未来环境变化趋势预测具有重要意义。

在已有的过去全球变化研究中，环境演变研究的信息载体较多，主要体现在以下几个方面：①岩石、地层学的依据。其主要包括海洋沉积物和大陆沉积物（冰川、黄土、红层、古沙丘、河湖沼相沉积物等），可以根据沉积物的各种物理和化学性质，如颜色、粒度、元素组成、矿物成分及含有的各种化石等判断当时的沉积环境条件。②生物、生态学依据。各种动物和植物的生存都需要一定的环境条件作支撑，因此，一些动植物的化石、生态特征、种类及群体特征等都可以作为古地理环境演化的证据。例如，化石造礁珊瑚的存在表明当时的海洋为浅海环境，而且是热带环境；微体古生物，如沉积物中的孢粉、孔虫、介形类等所提供的信息可以重建古地理环境的演变过程。③地球化学依据。沉积物所含元素的表生地球化学行为可以反映古地理环境中的温度、降水量、水体的盐度等，因此也是环境演变的重要信息依据。例如，Fe（铁）和 Mn（锰）元素在沉积物中的含量及比值变化可以反映水体的氧化还原状况（段丽琴，2011）。④地球物理学依据。古环境变化可以通过测定不同年代沉积物的古地磁和同位素来推测。⑤考古学依据。利用考古所获得的数据资料，可以为全新世中晚期的环境演化提供重要参考依据。⑥文献记载的依据。不同年代丰富的历史文献记载是非常宝贵的资料，是环境演化重建不可或缺的信息依据。我国地大物博，历史文化悠久，古人留下的史料异常丰富，从大量的历史文献中，如《永乐大典》等都可以找到区域环境演变的证据。⑦仪器监测记录的依据。仪器监测记录的数据资料在时间尺度上较短，最长也就一两百年，但是这些精确的资料是研究百年尺度气候环境变化的基本依据。

目前，在环境演变研究所使用的各种信息载体中，湖泊沉积物具有信息量丰富、连续性较好、较高的时间分辨率及沉积速率、分布广泛等一系列优势（余铁桥，2009），因此是千年时间尺度上全球环境演变研究的重要信息源。我国幅员辽阔，自然地理环境复杂且丰富多彩，据统计，当前全国湖泊中面积在 $1~km^2$ 以上的约 2600 个，总面积合计达到 74 277 km^2。这些湖泊在全国各地均有分布，其中在我国东部平原和青藏高原地区分布最为密集（王洪道，1995）。此外，在新疆和内蒙古等干旱区分布有大量的盐湖。近些年来，诸多学者利用不同的方法和技术手段进行了我国不同气候区湖泊沉积记录的气候环境变化系统研究，得出了一些有意义的研究结论。然而，不同气候区湖泊沉积记录所反映的气候变化特征不尽相同，具有明显的区域差异。内蒙古南部鄂尔多斯高原位于东亚季风区的边缘地带，为典型的干旱、半干旱生态脆弱区，该地区的湖泊是当地重要的陆地水资源，对区域生态环境的稳定发展具有重要作用。利用湖泊这一对气候变化最为敏感的"指示器"进行区域环境的演变研究，对该地区及周边区域的环境变化及驱动机制研究具有重要意义。

因此，本书选择以内蒙古南部鄂尔多斯高原毛乌素沙漠地区的苏贝淖及其流域为研究对象，通过加速器质谱^{14}C测年和光释光测年，采用沉积物粒度、磁化率、烧失量、碳酸盐、地球化学元素等多环境代用指标综合分析的方法，重建了苏贝淖流域全新世以来的环境演变历史。

1.2 环境演变研究进展

1.2.1 全新世环境演变研究进展

第四纪（Quaternary）是地质历史时期最后一个阶段，而全新世（Holocene）是第四纪最后一次冰期至今的这一段时间，也称为冰后期（Postgacial）。被誉为现代地质学的奠基人——英国地质学家莱伊尔（C. Lyell1，797—1875 年）在 1839 年称这一时期为近代世（Recent Epoch）。全新世一词由法国古生物学家哲尔瓦（P. Gervais）于 1860 年提出，并在 1885 年的国际地质大会（International Geological Congress）上获得通过。对于全新世的时间下限，目前科学界尚无统一的意见，大多采用距今 11 500—10 000 a 前。全新世时间较短，因此沉积物厚度不大，但是沉积物在全球的分布范围非常广泛。许多学者对全新世进行了阶段划分，获得普遍认可的是挪威人布利特（A. Blytt）和瑞典人塞南德尔（R. Sernan-der）的划分方案。他们对欧洲北部沼泽地层中的生物化石和孢粉进行了较为详细的研究，在此基础上于 1909 年将北欧冰后期的气候期划分为 5 个阶段（表 1-1）（刘嘉麒等，2001）。他们的气候划分方案被世界各国一直延用至今，且不断得到完善。瑞典学者波斯特（L. von Post）在 1946 年把全新世气候变化划分为 I 期（温度上升期）→II 期（温度最高）→III 期（温度下降期）3 个阶段。安蒂夫斯（E. Antevs）于 1953 年将全新世也分为 3 个时期，即升温期→高温期→中温期，对应时间段为 11.5-8.5 ka BP（全新世早期）、8.5-3.0 ka BP（全新世中期）和 3.0 ka BP 以来（全新世晚期）。由于各地响应全球变化存在一定的区域差异，因此多数研究结论之间存在较大差别，使早、中、晚全新世各阶段的起止时间不尽相同。目前大多数研究者通常将 8.5—8.0 ka BP 和 4.0—3.0 ka BP 作为各阶段的时间界限（闫慧等，2011；施雅风，1992；王绍武和龚道溢，2000；张兰生，1999）。全新世作为一个特殊的地质历史时段，其对人类社会的发展具有重要意义，因此许多学者将全新世作为环境变化研究的热点时段之一。到了 20 世纪 70 年代，美国学者 George Denton 和 Karlen 教授对欧洲和北美洲的山地冰川活动的研究表明，全新世的气候环境很不稳定，变化较为频繁，而且千年左右的时间尺度是气候旋回变化的主要周期（Denton and Karlen，1973）。

表 1-1　布利特—塞南德尔全新世气候分期表

北欧气候期	时段/ka BP	气候特点
前北方期（Pre-Boreal）	10.3—9.5	寒冷转向温凉，气候干燥凉爽
北方期（Boreal）	9.5—7.5	气候温干，冬季较冷夏季较暖
大西洋期（Atlantic）	7.5—5.0	气候温暖潮湿，平均气温比现在高 2℃左右，又称为高温期
亚北方期（Sub- Boreal）	5.0—2.5	气候干凉而多变化，冬季寒冷夏季温暖
亚大西洋期（Sub- Atlantic）	2.5—0	气候凉爽湿润

　　但是，还有部分研究者的研究成果并不支持全新世气候频繁波动、很不稳定的说法，如有学者在 1993 年通过对格陵兰冰芯氧同位素的研究分析，认为在全新世的绝大部分时间段，气候变化并没有出现波动，反而表现出异常稳定的特征（GRIP members，1993）。但是这样的结论很快被其他研究成果推翻。O'Brien 等在 1995 年再次对全新世的格陵兰冰芯进行了化学成分分析，结果表明：全新世存在以千年时间尺度为周期的气候振荡（O'Brien et al.，1995）；Bond 等通过对北大西洋海洋沉积物的研究，进一步证实在全新世确实存在频繁的气候波动变化，周期为千年左右（Bond et al.，1997）。此外，我国学者吴文祥和葛全胜（2005）认为，不论是在高纬度地区，还是在中纬度和低纬度地区，全新世气候都经历了千年时间尺度的周期波动；deMenocal 等（2000）的研究表明，北非亚热带地区在全新世期间，海洋表面温度出现过至少 6 次降温事件，降温旋回周期约为 1.5 ± 0.5 ka。另外，在对其他区域的环境演化研究中，如对赤道东非（Stager J C and Mayewski，1997）、西非（deMenocal et al.，2000）、西北太平洋（Jian et al.，2000）等的沉积物记录中同样找到了全新世气候频繁波动的有力证据。

　　除了对全新世气候的不稳定性进行详细研究外，许多学者还对全新世发生的一些极端事件，如旱灾、洪灾等与人类文明之间的相互关系投入了大量的研究工作。例如，Courty 等（1989）、Weiss 等（1993）、Hodell 等（1995）对南美洲、非洲地区全新世的气候变化与人类文明的关系进行了研究，结果表明，全新世一些极端气候事件的发生与人类文明的衰落及演替存在很大关系。

　　在我国，相关领域研究者对于全新世环境演变的研究相比国外较晚，始于 20 世纪 70 年代，到目前也得到了大量的研究成果，且大多数研究在时间段上主要集中在全新世中期以来。我国地理学家竺可桢（1973）借助仪器观测等技术手段，同时结合考古文献等相关资料，恢复了我国近 5000 来的气候变化序列。其研究认为，在最初的 2000 年，即从仰韶文化时期到安阳殷墟时期，我国的年平均气温要比现在高约 2℃，2000 年之后，年平均气温在 2℃—3℃ 摆动；在过去的 5000 年中，最为寒冷的时段发生在公元前 1000 年、公元前 400 年、公元 1200 年和公元 1700 年；同时，竺可桢将此研究结果与其他相关研究成果进行对比后，认为中国近 5000 年的气候变化具有世界性特征。丁锡祉（1994）对我国全新世的环境演变研究结果显示，我国早、中、晚全新世气候先后经历了升温期、高温期和降温期 3 个大的时期，且在整个全新世主要发生了 4 次气候冷暖波动变化，即高温期（7.0—5.0 ka BP）、寒冷期（2.92.3 ka BP）、气候适宜期（约 1.2—0.9 ka BP）和小冰期（约 0.55—0.125 ka BP）。姚檀栋等（姚檀栋等，1990；姚檀栋和 Thomson，1992）通过对冰芯记录的研究，认为我国西部地区过去 5000 年的气候变化具有以下特征：3000 年之前，气候相对比较温暖；3000 年之后，气候则相对较为干冷，最寒冷的时期出现在公元 1000 年左右。陈渭南等（1994a）等利用地球化学元素对毛乌素沙地全新世的气候变化进行了研究，结果表明，在早全新世前期（11.0 ka BP 以前），气候温干；11.0—10.0 ka BP，气候冷湿；9.0 ka BP 前后，气候干燥。中全新世（8.5—2.0 ka BP），气候整体上相对潮湿，其中早期（8.5—5.0 ka BP）为降雨较多的时期；中期（5.0—3.5 ka BP）有两次周期性波动，5.0—4.0 ka BP 较干燥，4.0—3.5 ka BP 较湿润，正好对应我国龙山文化与夏、商温暖时期，气候相对温湿；晚期（3.5—2.0 ka BP）较干燥，其中 3.5—2.7 ka BP，气候相对温和湿润，大概相当于东周、秦汉暖期。晚全新世（1.5 ka BP 以来），气候整体上温和偏干，其中 1.5—1.0 ka BP，气候相对较湿润。强明瑞等（2005）利用碳酸盐稳定同位素分析，重建了苏干湖流域近 2000 年以来的气候变化，结果得出，公元 1—190 年，气候暖干；190—580 年，气候冷干；580—1200 年，气候暖干，对应中世纪暖期；1200—1880 年，气候冷湿，对应于小冰期；1880—1950 年，气候冷干；20 世纪 50 年代以来，气候逐渐变暖。

综上所述，在全新世环境演变研究方面，国内外学者利用不同区域的冰芯、孢粉、石笋、湖泊、海洋、黄土、树轮等环境信息载体，结合高分辨率测年手段，恢复了全新世以来的环境变化模式，但是环境系统的演化是非常复杂的，目前对于全新世环境演变的时空规律及其驱动机制仍存在诸多未知。因此，我们有必要利用先进的技术手段和研究方法在不同区域，尤其是对环境变化异常敏感的关键地理区域开展环境演变研究，不断填补区域研究的空白，继续为全新世环境演变理论研究框架提供重要参考资料。

1.2.2　湖泊沉积与环境演变研究进展

1. 国外湖泊沉积研究进展

国外研究者早在 19 世纪末期就对湖泊沉积进行了相关研究，以美国学者 Russel 在 1885 年对内华达州西部的 Lahontan 湖的研究和 Gilbert 在 1890 年对犹他州 Bonneville 湖的研究为代表。到了 20 世纪初期，湖泊沉积研究进一步发展，代表性成果有：Nipkow 在 1920 年对瑞士苏黎世湖的沉积物岩芯进行了研究；1932 年，Heim 进一步对瑞士的主要湖泊，如苏黎世湖、何卢塞恩湖等进行了详细的湖泊沉积研究。到 20 世纪中期，随着研究方法和技术手段的不断完善和成熟，湖泊沉积研究取得了一系列重大成果，如 Kullenberg 在 1952 年再一次对瑞士的苏黎世湖进行研究，首次钻取了 8.5 m 长的湖泊沉积物岩芯，并应用地理、化学、生物等相关理论方法探讨了该湖泊的演化历史；1957 年，美国学者 Hutchinson 出版了《论湖泊学》一书，该书是国际上关于湖泊学研究的首本论著，其对后期直到现在的湖泊沉积研究仍具有重要的指导意义（沈吉，2009）。

20 世纪 70 年代后期、80 年代初期，湖泊沉积研究在世界各国受到普遍重视，取得了诸多研究成果。例如，I. M. Bowler 在 1981 年利用沉积物孢粉、介形虫、岩石矿物成分及 Ca/Mg 比值等多环境指标，同时结合区域地貌分析，详细地研究了澳大利亚 Kelimabete 湖泊一万年来的水文变化特征（Williams et al.，1997）；1980 年，许靖华主持了瑞士苏黎世湖泊钻探计划"Zübo 80"，并在后期开展了"近代湖泊酸化古生态研究（PLEADS）"计划；法国、德国等研究者在 20 世纪 80 年代初期制定了"古老湖泊的气候、演化与地球动力学研究计划"（CEGAL），并在后期针对非洲的裂谷湖泊进行了沉积学研究。总体上，这一时期的湖泊学研究可分为两个方面：一方面，以第四纪晚期的湖泊沉积为研究对象，进行古气候、古环境的演变及趋势预测研究；另一方面，以中生代的部分构造湖泊为例，研究其湖盆构造、油气的形成及地质演化等方面（沈吉，2009；王苏民等，1990；王苏民，1993；秦伯强，1999；Hutchinson，1957；汪品先等，1991）。

20 世纪 80 年代后期、90 年代初期以来，湖泊沉积研究实现了跨越式的发展，不仅研究方法日趋完善，测年手段更加多样、精确，而且不断向以年、季节为时间尺度的高分辨率古气候研究的方向发展。在高分辨率湖泊沉积研究中，纹泥层有助于精确测年，因此是一种理想的技术手段。许多学者通过对一些湖泊年纹层的研究，建立了多个纹层年代框架。例如，目前欧洲大陆上最长的纹层来自于德国 Holzmaar 玛珥湖，完整的纹层可以重建过去 23.22 ka 以来的区域环境演化历史；利用日本 Suigetsu 湖的纹层建立了 45 ka 以来环境演化序列，这是目前世界上取得的最长的湖泊年纹层记录（沈吉，2009；Zolitschka et al.，2000；Nakagawa et al.，2003）；Gajewski 等（1997）利用湖泊纹层研究了加拿大 Devon 岛东北部地区过去 150 年的夏季平均温度变化趋势；Lamoureux 和 Gilbert（2004）借助纹层厚度、沉积物粒度及其他气候指标重建了 Devon 岛过去 750 年以来的气候变化。

2. 国内湖泊沉积研究进展

我国的湖泊沉积研究要比国外大概晚 30 年，最早的湖泊沉积研究始于 20 世纪 20 年代。早期针对湖泊开展的研究主要体现在湖泊的水文测验、形态测量、地质地貌等方面，如对太湖、洞庭湖、滇池、青海湖等湖泊的研究（沈吉，2009；李协，1926；李长傅，1935）。20 世纪 50 年代后期以来，著名气象学家和地理学家竺可桢于 1957 年主持召开了全国湖泊科学研究工作会议，首次提出了进行湖泊研究的科研任务（湖泊及流域学科发展战略研究秘书组，2002）。1958 年，中国科学院地理研究所在南京成立湖泊研究室（沈吉，2009）。至此，我国湖泊学的研究范围和内容有了很大的扩展，研究范围涉及各种类型的湖泊，如分布在青藏高原上最大的内陆湖泊——青海湖、察尔汗盐湖等咸水湖，位于长江中下游的太湖、鄱阳湖、巢湖等大型淡水湖，地处云南地区的滇池、洱海等断陷湖泊，等等。湖泊沉积研究的内容从原来简单的水文测验、地质地貌研究扩展到湖泊演化、古气候的演化等方面。

20 世纪 80 年代以来，由于全球变化研究逐渐成为国际科学界研究的热点问题之一，我国的湖泊沉积研究也走上了蓬勃发展的道路，研究内容越来越丰富，成果也日渐突出，研究范围更加广泛，涉及了青藏高原的古湖泊，新疆地区的湖泊、盐湖，内蒙古地区的湖泊，东部平原地区的湖泊，云贵高原地区湖泊及台湾高山湖泊等。部分代表成果有：中国科学院兰州地质研究所等在 1979 年出版了《青海湖综合考察报告》一书（中国科学院兰州地质研究所等，1979）；胡东升等在 2001 年出版了《察尔汗盐湖研究》一书；屠清瑛等于 1990 年出版了《巢湖》一书；中国科学院南京地理与湖泊研究所于 1989 年出版了《云南断陷湖泊环境与沉积》一书；陈克造和 Bowler（1985）等利用察尔汗盐湖的沉积物特征研究了区域古气候的演化；张彭熹等（1989）借助湖泊沉积物对青海湖冰后期以来的古气候波动模式进行了研究；李炳元等（1991）对喀喇昆仑山-西昆仑山地区的湖泊演化进行了研究；王苏民等（1994）对内蒙古扎赉诺尔湖泊沉积物中的新仙女木事件记录进行了研究；王苏民等（1996）对江苏固城湖 15 ka

以来的环境变迁与古季风关系进行了探讨；沈吉等（1997）在《科学通报》发表了《固城湖 9.6 kaB.P.发生的一次海侵记录》的研究论文；施祺和王建民（1999）研究了石羊河古终端湖泊沉积物的粒度特征及沉积环境；张振克和吴瑞金（2000）对云南洱海湖泊沉积记录的流域人类活动进行了研究；秦伯强等（2003）对太湖沉积物悬浮的动力机制及内源释放的概念性模式进行了探讨；羊向东等（2005）研究了长江中下游浅水湖泊历史时期的营养态演化及生态响应；沈吉等（2006）以陕西红碱淖湖泊为例，研究了湖泊沉积记录的区域风沙特征及湖泊演化历史；汪勇等（2007）以青海湖为例，研究了湖泊沉积物 ^{14}C 年龄的硬水效应校正问题；等等。这些研究成果对于后期的湖泊沉积研究具有很大的参考价值。

综上所述，自 20 世纪 80 年代以来，我国湖泊沉积学研究除了在研究范围和内容方面有所进步外，在研究的方法、技术手段方面也有了很大的突破和进展，主要体现在以下几个方面：①采用多环境指标，对不同区域、不同时间尺度的湖泊沉积与气候演化进行高分辨率研究。虽然湖泊沉积物中含有丰富的环境信息，但因其具有混合性，单一环境指标往往很难准确反映事实，如对于沉积物粒度指标而言，粗颗粒一方面可反映区域气候相对干旱，湖泊萎缩；另一方面也能说明在气候湿润期，降水的增加增强了地表径流，使湖区周围大量的粗颗粒物质被携带入湖（沈吉等，2006；沈吉，2009），因此，多环境指标的综合分析是进行合理解释的前提。当前，研究湖泊沉积物的环境代用分析指标有很多种，如粒度、磁化率、有机质含量、硅藻、地球化学元素含量及其比值、碳酸盐含量、孢粉、有机碳同位素等（王苏民和张振克，1999）。对不同时间尺度湖泊沉积记录的环境演化进行高分辨率研究，具有两方面的意义：一方面可以填补区域环境演化序列的空白；另一方面可以解决湖泊沉积岩芯的"碳库效应"问题。②采用新的研究方法和技术手段。首先，多种测年技术和手段的综合应用，对提高沉积物年代序列的精度具有很大的促进作用。其次，利用新的沉积物采样装置，采用新技术进行样品的采样，同时应用新的分析测试方法，能够提高时间分辨率。例如，XRF core scanning 对提高湖泊沉积环境记录的分辨率和千年气候变化研究的质量能起到关键推动作用（刘永等，2011；成艾颖等，2010；Daryin et al., 2005）。③利用多学科进行交叉研究。仅仅利用沉积学单学科知识来研究不同时间尺度，尤其是千年时间尺度的高分辨率湖泊沉积演化研究是远远不够的，故越来越多的研究是同时结合了化学、生物、数学、物理等多学科知识才得出相对可靠的研究结论。

3. 内蒙古地区湖沼相沉积研究现状

内蒙古虽然地处干旱高原，河流较少，地表径流发育较差，但该地区是我国内陆湖泊的主要分布区，湖泊类型也丰富多彩，主要有构造湖，如呼伦湖、岱海等，冲积湖，如乌梁素海、哈素海等，还有一些小型的风蚀湖（牧寒，2003）。目前，前人对于内蒙古地区的湖泊沉积研究主要针对一些大型的构造湖和冲积湖，而对风蚀湖的研究相对较少。就湖泊研究的主要分布区域来说，主要包括以下几个部分。

1）阿拉善高原、河套平原地区

阿拉善高原、河套平原位于内蒙古西部、中部地区。金明（2005）研究了居延海（包括嘎顺淖尔、苏泊淖尔和居延泽三个湖泊）湖泊沉积与全新世的环境演变，指出研究区在 40—20 ka BP 存在古大湖，嘎顺淖尔、苏泊淖尔和居延泽三个湖泊连为一体，且在 11 066—9350 cal a BP、8200—7800 cal a BP、6200—5960 cal a BP、5450—3250 cal a BP、3100—2590 cal a BP、2300—1550 cal a BP 六个阶段湖区气候湿润，湖泊扩张。杨保和施雅风（2003）认为，在 40—30 ka BP，居延海湖泊水面较高，比现在高 22—30 m，湖面面积达 3.3×10^4 km^2。何哲峰（2009）研究指出，河套地区在 10 万年前存在巨大古湖，当时湖水位较高，在托克托沉积地层中有 40 多米厚的湖相地层，从 8 万年开始河套古湖湖水外泄，逐渐退缩，2.4 万年之后河套地区基本没有湖相沉积记录，古湖完全消退。靳鹤龄等（2005）利用沉积物粒度和元素指标研究了居延海 1.5 ka BP 以来的环境演化，结果表明，1.53—1.2 ka BP，居延海地区气候暖湿，湖泊扩张；1.2—0.9 ka BP，该地区气候相对干冷，湖面缩小；0.9—0.6 ka BP，气温相对暖湿，湖泊扩张；0.6 ka BP 以后气候干旱化趋势明显。

2）鄂尔多斯高原地区

鄂尔多斯高原位于内蒙古南部地区。董光荣等（1998）、高尚玉等（1988，1985）研究表明，萨拉乌苏古湖在 140—70 ka BP 发育河湖相沉积物。于革等（2001）研究显示，萨拉乌苏古湖在这一时期前期湖泊水位较高，形成高湖面期，后期湖泊水位下降。邵亚军（1987）研究证实，在 30.2—28.2 ^{14}C ka BP，湖泊水位较高，发育湖沼相沉积。郭兰兰（2005）对鄂尔多斯高原巴汗淖湖泊记录的气候与环境演化研究表明，11—10 ^{14}C ka BP，气候干冷；10—9 ^{14}C ka BP，早全新世气候过渡期，气候状况有所改善；9—3 ^{14}C ka BP，为中全新世气候适宜期；3 ^{14}C ka BP 以来，气候温凉干燥。曹广超等（2008）通过对鄂尔多斯高原中部地区的气候研究得出，在 5749 cal a BP 之前，气候干燥，冬季风强盛；5749 cal a BP 前后，气候湿润，湖面扩张，沙漠退缩；5749—5370 cal a BP，气候干燥，湖泊退缩，沙漠扩展；5370—4895 cal a BP，气候湿润，降水增多；4895—4580 cal a BP，气候干旱，且在 4580 cal a BP 前后经历了短暂的气候湿润期。

3）乌兰察布高原地区

乌兰察布高原位于内蒙古中部地区。这一区域的湖泊沉积研究对象主要是岱海和黄旗海，研究成果相对较多。例如，曹建廷等（1999）利用岱海湖芯碳酸盐含量的变化研究了区域气候环境的演化，结果表明，在 930—670 a BP，气候总体温湿；670—540 a BP，气候总体冷偏湿；540—490 a BP，气候总体冷偏干，湖泊退缩；490—270 a BP，气候总体凉干；270—150 a BP，气候温干；150 a BP 以来，气候温和偏湿。金章东等（2004）利用 Rb/Sr 比值、$CaCO_3$ 和有机碳含量等代用指标重建了岱海流域 8.2 ka BP 冷期、中世纪暖期、小冰期等典型气候事件在全新世以来的环境演化历史，研究认为，9.0—3.5 ka BP，岱海流域化学风化较强，湖泊扩张，气候暖湿；8.25—7.90 ka BP 存在降温事件，流域化学风化较弱，湖泊萎缩；2.5 ka BP 以来，气候波动降温，进入新冰期。申洪源等（2006）通过湖泊沉积粒度指标研究了黄旗海中全新世以来的湖面变化过程，结果显示，8.0—5.1 ka BP，黄旗海流域气候暖湿，是全新世水热组合最佳的气候最适宜期，但在 6.7—5.5 ka BP，存在气候变干突变事件；5.1—4.0 ka BP，气候冷干，湖泊水位波动变化较大；3.6—2.2 ka BP，采样点所在位置为典型的浅滩沼泽沉积相，且有可能季节性干涸，气候总体干旱。王小燕（2000）利用沉积物中的有机质和有机碳同位素研究了黄旗海全新世以来的气候环境变化，结果表明，10.0—8.0 ka BP，沉积物中有机质含量较高，湖水较深，气候相对湿润；7.5—4.5 ka BP 为中全新世气候最为温暖潮湿的时期；3.1—1.5 ka BP，气候相对较湿润；1.5 ka BP 以来，黄旗海流域气候环境多变，波动较为频繁。

4）呼伦贝尔高原地区

呼伦贝尔高原位于内蒙古的东部地区，有关该地区的湖泊沉积研究主要是对呼伦湖的研究。呼伦湖是内蒙古第一大湖，中国第五大湖，有关此湖泊的研究成果很多。张振克和王苏民（2000）研究了呼伦湖湖面波动与泥炭发育、风沙-古土壤序列之间的相互关系及古气候意义，研究认为呼伦湖地区在 10.0—7.2 ka BP，气候由冷干向暖干变化；7.2—5.0 ka BP，气候相对较为暖湿，泥炭、古土壤发育较好，湖泊水面较高；3.0 ka BP 以来，气候又转为冷干，区域风沙活动增强。羊向东等（1995）对呼伦湖地区的孢粉研究表明，该地区在 13.0—10.0 ka BP，气候温凉湿润，相当于北欧的 Bolling-Allerod 暖期；新仙女木（Younger Dryas）冷期大概在 10.9—10.6 ka BP；10.6—10.0 ka BP 为全新世初期升温期；7.2—5.0 ka BP，气候暖湿，当时的年平均气温可能比现在高 3℃左右；5.0 ka BP 以来，气候逐渐向干凉方向转变。胡守云等（1998）研究了呼伦湖湖泊沉积物磁化率变化的环境磁学机制，表明当气候湿润，湖泊为深水环境时，对应泥质沉积物的磁性较高；反之当气候干旱，湖泊水位下降时，对应砂质沉积物的磁化率较低。

1.2.3 湖泊演化研究原理与方法

1. 湖泊沉积特征

1）湖泊的水动力特征

湖泊是陆地上的集水洼地，其水动力特征主要表现为湖浪和湖流，与海洋相比有些近似。湖泊与海洋的主要区别就是前者不存在潮汐作用（赵澄林和朱筱敏，2001）。湖浪是湖泊水面在风力作用下形成的较强的湖面波浪，其大小取决于风速、风程、风向、风的持续时间、湖泊水深和湖水内摩擦阻力等多种因素（乔树梁和杜金曼，1996）。湖浪可以加强湖水的对流和紊动，影响湖水中泥沙的输移、污染物的扩散等。湖流是湖泊中大致沿一定方向前进的水团，它是湖泊中运移悬疑质、溶解质、有机质等物质的载体，也是其紊动交换、迁移扩散的基本动力。重力、风力、梯度力、地转偏向力等都是湖流产生的动力条件。湖泊各种水动力作用的强度和特性与湖泊的大小及形状、湖区的地形及气候、湖泊的地理位置有密切关系。图 1-1 是湖泊在风、河流、大气等各种物理力作用下的响应（沈吉等，2011；Selley，1968）。

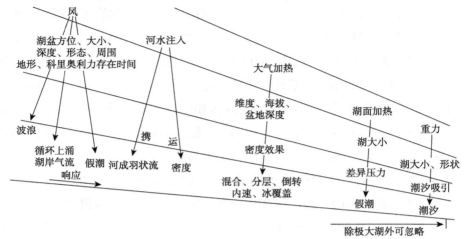

图 1-1　湖泊对各种物理力的响应

资料来源：Selley（1968）

2）湖泊的沉积作用

湖泊沉积的类型主要取决于气候条件和物质来源，尤其是气候条件对湖泊的沉积起着控制作用。库卡尔等根据气候的干旱程度、地理环境、沉积物类型及其供应的充分程度，将湖泊分为永久性湖泊和暂时性湖泊，前者又进一步分为陆源碎屑沉积型、化学沉积型、生物沉积型和湖沼沉积型四种湖泊类型；后者分为干盐湖沉积型和盐沼沉积型两类（冯增昭，1993；沈吉等，2011）。

湖泊的碎屑沉积作用包括深水沉积作用和边缘沉积作用，其沉积物主要来源于河流，其次为湖岸岩石的破碎产物。深水沉积作用几乎是以悬浮方式进行的，悬浮负载中较粗粒径的物质首先沉积下来，极细粒级的物质将远离河口。湖泊的边缘沉积作用主要集中在河口的周围。河口的沉积作用主要取决于悬浮负载和底负载的相对重要性，以及河水与湖水的密度关系。

湖泊的化学沉积作用是指可以呈胶体溶液（如 Al、Fe、Mn 等元素的氧化物难溶于水，常呈胶体溶液被搬运）或真溶液（如 Ca、S、Mg、Na、K 等呈离子状态溶于水中，以真溶液状态被搬运）被搬运而发生沉积形成各类矿物及盐类等。气候条件对湖泊的化学沉积作用有很大的影响，不同气候区的化学沉积作用有较大差别。例如，高纬度地区的一些湖泊，在冬季，结冰可能一直到湖底，到了春季，由于大量的冰雪融水将湖泊淹没，湖泊底层冻结的沉积物漂浮到水面，因此这样的湖泊可能不存在有效的化学沉积和生物沉积作用。在温带地区，由于气候潮湿、降水充沛，陆地化学分化和生物有机地球化学作用比较强烈，一些易溶盐类和难溶化合物分别以离子或胶体状态进入湖中，参与湖泊的化学沉积。位于干旱半干旱地区的湖泊，大多是一些封闭型湖泊，它们对气候的变化较为敏感，是大量化学沉积物的沉淀场所。由于气候干旱，蒸发强烈，大量的盐分在湖中长期积累，按照溶解度的大小逐渐沉淀下来，形成各种类型的盐类化合物。

湖泊的生物沉积作用首先表现在生物遗体的直接堆积，从而形成各种类型的岩石或沉积矿床。其次，生物生命活动过程中或生物死亡后遗体分解过程中产生大量的气体或吸收大量 CO_2 等气体，从而间接影响环境的物理化学条件，促使某些物质发生溶解或沉淀，这称为湖泊的生物化学沉积作用。

2. 湖泊沉积的研究方法

湖泊沉积记录与其他自然环境记录，如冰芯、海洋沉积、树轮、珊瑚、黄土等相比具有分布广泛、沉积速率大、分辨率高等多种优势，因此受到广大学者的高度关注。目前，研究湖泊沉积物的环境代用指标主要包括以下四个方面：①环境物理参数。研究湖泊沉积物的物理参数主要包括含水量、体积密度、有机质含量、粒度、磁化率等，此外，还有空隙比、孔隙度、渗透率等；通过对各种物理参数的测定，我们可以间接判断湖泊的环境变化情况，如测定沉积物粒度的各种参数（粒度分级、分选系数、偏态、峰态等），可以反映湖泊流域的降水、湖泊水位变化、风成活动、冰川进退等各方面的情况。②环境化学参数。这方面的参数主要有沉积物的地球化学元素组成、矿物成分、有机碳化合物含量等。湖泊沉积物的化学组合分布可以帮助我们获得大量的湖泊及其周边环境变化的有用信息。例如，湖泊沉积物中部分元素的含量、组合分布特征及元素对比值在一定程度上可以反映它们在长期环境演化过程中的表生地球化学特征，进而明确它们的来源、物源区的化学风化强度等，直接为区域环境变化提供证据。③环境生物参数。湖泊生物的生长发育有赖于湖泊的环境状况，沉积物较之湖水更能为生物提供合适的生存环境（沈吉等，2011）。利用各种环境生物参数，如孢粉、植物化石、硅藻、枝角类、介形类等的分析研究，可以判断湖泊过去的物理化学环境条件。例如，利用硅藻或化石分析可以了解湖泊的温度、水位、盐度、富营养化等方面的环境信息。④构造参数。沉积构造指的是沉积物在沉积时到成岩之前由各种物理、化学、生物等综合作用在沉积物内部或沿着沉积物与流体界面所形成的构造，如层理、波痕、结核、爬迹等。沉积构造是解释沉积环境的必要指标。

3. 湖泊沉积年代的测定

湖泊沉积物年代的测定是湖泊沉积记录与环境演化的重要内容。目前，用于湖泊沉积物年代测定的方法有很多，每种方法都有其各自的优缺点。按照测年所得出结果的性质，测年方法大致可以分为两种：一种是沉积物的绝对年龄的测定，如利用放射性核素的衰变、裂变等原理的 ^{14}C 测年法；另一种是沉积物相对年龄的测定，即将待测沉积物样品与已知年龄的沉积物样品、沉积物剖面相对比后估算年龄值，如气候地层、氧同位素地层等（沈吉等，2011）。本书关于湖泊沉积物年代的测定采用了加速器质谱 ^{14}C 测年和光释光测年法，两种方法的原理及优缺点将在第 3 章进行详细介绍。

1.3 研究的内容、方法和工作量

1.3.1 研究内容

本书通过对苏贝淖湖区沉积地层剖面的研究，揭示研究区湖泊沉积记录的差异性及其对全球环境变化的区域响应，恢复了研究区全新世以来的环境演化序列，进一步为西北地区的环境演变及其驱动机制研究提供理论依据。本书主要以沉积物的粒度、磁化率、烧失量、地球化学元素、碳酸盐等环境代用指标的测定与分析为研究手段，对以下几方面内容来展开研究。

（1）通过对苏贝淖湖区沉积物剖面的地层分析，利用加速器质谱 ^{14}C 测年及光释光测年建立地层的沉积年代序列。

（2）通过对沉积物粒度、磁化率、烧失量、地球化学元素、碳酸盐等环境代用指标的测定分析，探讨各种环境代用指标的环境指示意义及区域差异，重建内蒙古南部区域环境演变的历史。

（3）通过苏贝淖湖泊沉积地层剖面环境代用指标记录与邻近区域地层剖面的对比分析，探讨全新世以来研究区及周边区域的气候环境演化规律。

1.3.2　研究方法及技术路线

1）文献资料的收集与整理

通过多种途径全面收集研究区的各种纸质和电子资料，主要包括：①1∶50 000、1∶100 000、1∶500 000 区域地形图、地貌图等；②近几十年的高分辨率遥感数据资料；③研究区自然及人文地理方面的基础资料；④研究区及相邻区域和全球的环境变化研究成果等相关资料。

2）研究的技术路线

本书研究的具体技术路线见图 1-2。

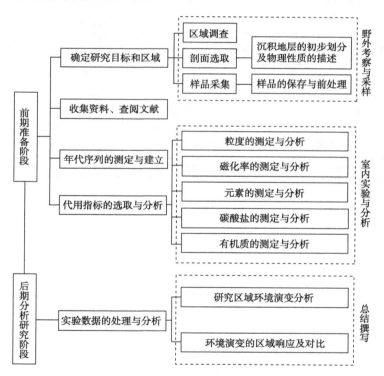

图 1-2　研究技术路线示意图

1.3.3　研究的工作量

本书具体野外考察及室内实验分析研究的工作量和工作方式见表 1-2。

表 1-2 工作内容及工作量统计

工作内容		工作量	工作地点/方式
选题		查阅大量文献资料，进行选题	利用校图书馆、院资料室、网络等收集资料
野外考察及样品的采集		2 个采样点，共取得样品 277 个（含 ^{14}C 年代样品 2 个，释光测年样品 10 个）	在苏贝淖湖区及周围进行野外考察，调查自然地理环境，选择合适的采样地点进行采样，采样间距 2 cm
室内样品的前处理		2 个剖面，共处理样品 1166 个（不包括年代样）	陕西师范大学旅游与环境学院土壤与沉积物样品前处理实验室，样品的自然风干，低温烘干，机磨样品
室内室验分析	沉积物年代的测定	光释光样品 10 个，^{14}C 样品 2 个	在陕西师范大学旅游与环境学院释光断代实验室和中国科学院地球环境研究所加速器质谱中心测定
	粒度的测定	2 个剖面，265 个样品	在陕西师范大学旅游与环境学院激光粒度实验室测定
	碳酸盐（$CaCO_3$）的测定	2 个剖面，265 个样品	在陕西师范大学旅游与环境学院环境变迁实验室测定
	烧失量的测定	2 个剖面，265 个样品	在陕西师范大学旅游与环境学院植物地理和土壤地理实验室测定
	磁化率的测定	2 个剖面，265 个样品	在陕西师范大学旅游与环境学院环境变迁实验室测定
	元素的测定	2 个剖面，106 个样品	在陕西师范大学旅游与环境学院 X-荧光实验室测定
撰写书稿		分析实验数据，撰写书稿	——

第 2 章　研究区域概况

2.1　地理位置

　　研究区位于内蒙古自治区南部鄂尔多斯高原地区，行政区划上涉及鄂尔多斯和乌海地区。苏贝淖湖区位于高原南部的毛乌素沙地，行政上为鄂尔多斯市乌审旗乌审召苏木北部，地理坐标为：109° 01′ E，39° 17′ N，见图 2-1 和图 2-2。乌审旗位于鄂尔多斯西南部，地处鄂尔多斯高原向黄土高原过渡地区，地理坐标为 37° 38′ 54″ N—39° 23′ 50″ N，108° 17′ 36″ E—109° 40′ 22″ E。乌审旗东北部、北部与伊金霍洛旗、杭锦旗接壤，西北部、西部与鄂托克旗交界，西南部与鄂托克前旗毗邻，南部与陕西省靖边县、横山县为邻，东部与陕西省榆林市相依，东北部分地段与陕西省神木县相靠。全旗总面积 11 645 km²。总人口13.33 万人，有蒙古族、汉族、回族、满族、达斡尔族等多个民族。旗人民政府所在地为嘎鲁图镇。在 21 世纪初期，苏贝淖湖面面积为 4.53 km²，湖水深 0.1—0.3 m，湖面海拔 1291 m（徐旭等，2002），现在已基本干涸。其湖盆内盐类沉积主要是湖表天然碱、泡碱等盐类沉积（乌审旗志编纂委员会，2001），目前未进行大规模的开发利用。

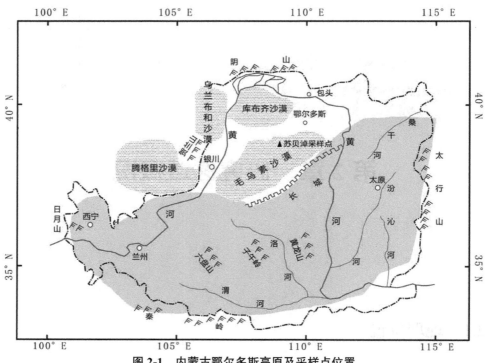

图 2-1 内蒙古鄂尔多斯高原及采样点位置

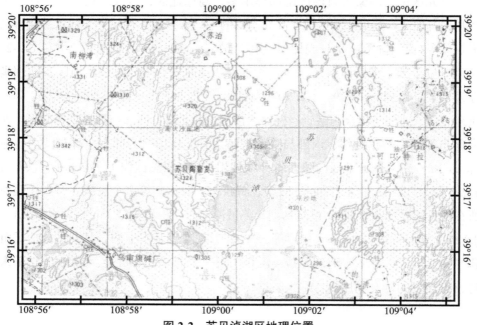

图 2-2 苏贝淖湖区地理位置

2.2 地质条件

研究区在地质结构上位于鄂尔多斯台向斜的北部，包括了东胜台凸全部和陕北台凹的北部，均为华北台块的稳定部分。鄂尔多斯高原除西部桌子山外，岩层基本水平，中生代沉降形成向斜盆地，沉积较厚的为中生代砂岩、砂砾岩、页岩，西部有第三纪红色砂岩。第四纪以来高原各地有不同幅度的上升。董光荣等于1983年对位于毛乌素沙漠东南部萨拉乌苏河滴哨沟湾地区的沉积地层剖面进行了研究，结果表明：在第三纪末、第四纪初，伴随着喜马拉雅山的造山运动，鄂尔多斯台地不断抬升，此时鄂尔多斯高原东南部已经下陷形成洼地；鄂尔多斯高原东南部洼地在晚更新世前期下沉很明显，而南部的黄土高原及中西部的构造剥蚀台地则相对抬升；鄂尔多斯高原在晚更新世后期明显继续下沉；到了全新世早期和中期，鄂尔多斯高原下沉缓慢且逐渐稳定；晚全新世或中晚全新世以来，鄂尔多斯高原东南部洼地在北半球冰期气候作用的强烈影响下不断被沉积物逐渐覆盖填平，以至形成目前起伏变化较小、相对较平坦的高平原；新近时期，鄂尔多斯高原和南部的黄土高原又开始整体性的抬升，使区域地表流水侵蚀加剧，同时在17—19世纪小冰期气候波动变化的作用下，形成了现在的地貌格局。

苏贝淖湖区流域地层除第四系广泛分布外，仅出露白垩系下统志丹群第三段，个别地方出露了白垩系下统志丹群第二段及侏罗系中-上统安定直罗组。地层由老到新叙述如下。

1. 侏罗系中-上统

除无定河镇大草湾外大部分地区未见出露。该层上部为紫红、灰绿、灰紫色沙岩、泥质砂岩、泥岩组成的交互层，含褐铁矿氧化晕圈；下部颜色变深，以灰、蓝灰色石英砂岩、砂质泥岩、泥岩为主，局部夹暗红色砂岩及泥质砂岩。旋回较清楚，含星点状黄铁矿及碳化植物碎屑。厚度202.68 m，未见底。

2. 白垩系下统

1）志丹群第二段

仅在无定河镇大草湾出露了该层。该层由棕红-紫褐色细-粗粒长石沙岩、粉砂岩、泥岩和砾岩组成。粒度变化显著，砂岩发育巨型向底部收敛的同向斜层理，泥岩发育泥裂。底部以紫红色泥岩为主，与下伏侏罗系呈假整合接触。厚度变化较大，一般 58—392 m。

2）志丹群第三段

该层分布广泛，主要出露于北部和流域的内各个梁地上。岩性横向变化大。在乌审召镇、嘎鲁图镇以东及其南部，为一套棕紫红色细-粗粒长石砂岩中夹紫红、褐红色泥岩、泥质粉砂岩。泥岩发育泥裂，具水平层理。粉砂岩具斜坡状或波状层理。砂岩碎屑成分有石英、长石、云丹、角闪石等。长石多风化成白色高岭土，胶结物为泥质或钙质，胶结形式主要有基底式胶结和接触式胶结，分选差、富含泥砾及少量细砾石，多沿斜层理底面排列，显示粒度变化规律。在乌审召镇、嘎鲁图镇以西及以北，则为黄绿、灰绿、青灰色长石砂岩及硬砂质长石砂岩，中夹紫、褐绿色泥岩、粉砂岩条带。下部粒度变化，规律性明显，有含粗砾中粒砂岩、中细粒砂岩、粉砂岩、泥岩组成的厚度达 70 m 以上的沉积层。上部几乎全为块状粗中粒砂。岩砂岩发育斜层理，普遍含咖啡色、紫红色泥砾及铁化植物，泥岩发育泥裂，具水平层理、斜波状层理，厚度达 263—920 m。

3. 第四系

1）上更新统萨拉乌苏组

上更新统萨拉乌苏组主要分布于流域西南和东部的冲积湖积平原，为晚更新世早期的河湖相沉积，岩性为黄、灰黄、灰绿色粉细砂，夹含钙质结核的黄土状砂黏土和黏砂土，具水平层理和交错层理。砂岩中含古人类"河套人"化石、哺乳动物化石、旧石器。由于白垩系顶面起伏不平，本组厚度变化较大，一般厚 40—60 m，成厚可达 130 m。

2）上更新统马兰组

上更新统马兰组主要分布于南部的黄土梁上，时代为晚更新世后期，岩性以土黄、浅黄色粉砂为主，其次是细砂及黏土，质地疏松、易崩塌，垂直节理发育，含钙质结核。黄土成因以风积为主，其次有洪坡积，厚度各地不一，一般为 5—50 m，本组不整合覆于各老地层之上。

3）全新统的湖积及化学沉积层

全新统的湖积及化学沉积层分布于各大型湖泊及较大的积水洼地中，岩性为灰白、灰黑色有可塑性和腐臭味淤泥，其中含芒硝、盐等，厚度1—4 m。

4）全新统冲积洪积层

全新统冲积洪积层主要分布于无定河、纳林河的河流滩地及一二级阶地上，呈条带状延伸。岩性为灰黄色、浅黄色细中砂及沙砾石层。松散、分选差，具水平层理或斜层理，沿层面有砾石及泥灰质团块富集。不整合覆于萨拉乌苏层或白垩系下统志丹群第二段、第三段之上，厚度5—20 m。

5）全新统风积层

该层分布也很广泛，由新月形沙丘、草丛沙丘组成。岩性为灰黄色、黄褐色中细砂、粉细砂，结构松散，颗粒均匀，磨圆度中等。成分以石英为主。由西北向东南，粒度有由粗变细的趋势。本层不整合覆于各老地层之上，厚度1—30 m。

在构造体系上，苏贝淖湖区流域地处鄂尔多斯盆地的中部地区。鄂尔多斯盆地是两个构造体系的重接复合。一方面，鄂尔多斯盆地位于新华夏构造体系最西部的第三沉降带中，以阴山构造带与北部的呼伦贝尔—巴音和硕盆地分开，以秦岭构造带与南部的四川盆地分开；另一方面，鄂尔多斯盆地也是"祁（祁连山）吕（吕梁山）贺（贺兰山）"山字形构造的东侧马蹄形盾地。鄂尔多斯盆地正是这两个构造体系中构造形迹相对微弱的地块。地层产状近于水平，未见火成岩活动。鄂尔多斯盆地主要形成于中生代，印支期开始下陷沉降，接受了巨厚的中生代沉积物。早在白垩系晚期，由于燕山运动的影响，鄂尔多斯盆地开始上升，缺失了白垩系上统地层。由于喜马拉雅运动的影响，第四纪以来，包括乌审旗在内的鄂尔多斯盆地广大地区发生了区域性大面积的缓慢上升，在地形上形成了现在的鄂尔多斯高原。无定河的深切"V"字形河谷、断续发育的三级阶地是新构造上升运动的明证（徐旭等，2002）。

2.3 地貌条件

研究区风沙活动强烈而频繁，地形比较复杂，地貌组合有山地、丘陵、沙漠与沙地、平原、盆地等多种类型，堪称中国地形的博物馆。总体上，鄂尔多斯高原中部和西部地势较高，四周地势低，在地貌上可以分为五个地貌类型分区：①中西部为干燥剥蚀砂质高地；②东南部多湖和沙丘分布的凹地平原——毛乌素沙地；③北部为黄河阶地库布齐沙带；④西部为桌子山；⑤东部为沟谷、黄土丘陵区。鄂尔多斯高原海拔大部分在 1300—1500 m，少数地方可以达到 1600 m 以上。东部地区的河谷海拔在 1000 m 以下；西北部主峰桌子山海拔高达 2149 m；鄂尔多斯以西至杭锦旗以东区域的海拔较高，在 1450—1600 m；北部地区为黄河的三级阶地；东南部地区为构造凹陷盆地，第四纪沉积地层和现代河湖沉积地层广泛分布。

苏贝淖湖区地貌类型按照成因可以分为构造剥蚀地形、堆积地形、风积地形、黄土地形、河成地形五大类；按照形态可分为波状高原、梁地、内陆湖淖、滩地（冲积湖积平原）、流动与半流动沙丘、固定沙地、黄土梁及河谷地八种地类。

1. 地貌分布

1）构造剥蚀地貌

（1）波状高原：主要分布于区域西北部和东部，属于鄂尔多斯构造剥蚀高原的东南边缘。

（2）梁地：分布比较广泛，主要有三条大梁，即乌兰陶勒盖梁、阿拉格陶勒盖梁、文贡希里梁，属于鄂尔多斯构造剥蚀高原向东南的延伸。

2）堆积地貌

（1）内陆湖沼：区域内有很多湖淖，俗称"海子"，分布在滩地、梁地和丘间洼地处。

（2）冲积湖积平原：分布在区域内东北部、南部，多为各外流河的上游滩地，也有因古河道干涸、古湖泊淤塞及被流动沙丘阻塞而形成的。

3）风沙地貌

风沙地貌分布广泛，覆盖于各种地貌单元之上。它是在干燥强劲的西北风作用下，就地起沙并向东南黄土高原入侵的沙地。其中，流动和半流动沙丘在区域内西部和南部地区广泛分布；固定沙丘和半固定沙丘主要分布在区域东部及东北部地区。

4）黄土地貌

黄土地貌仅分布于区域东南部地区，为黄土高原的北部边缘。

5）河流地貌

河流地貌主要分布在南部、北部等河流谷地。

2. 地貌特征

1）构造剥蚀地貌

（1）波状高原：海拔多在 1300—1400 m，相对高差 30—80 m，由产状近似水平的白垩系下统志丹群第三段棕红、灰绿色砂岩组成。因长期缓慢上升，经受剥蚀，高原面波状起伏。

（2）梁地：梁地是鄂尔多斯构造剥蚀高原向东南的延伸，由产状近似水平的白垩系下统志丹群第三段棕红色、灰绿色砂岩组成。多为长条状，局部呈馒头状，沿长方向为北西 45°—60°，大小不一，一般宽 5—10 km，长 10—15 km，海拔 1300—1400 m，地势由西北向东南渐趋低缓。丘顶光秃或覆盖有薄层风积沙。

2）堆积地貌

（1）内陆湖沼：大多为剥蚀、风蚀造成的洼地汇水形成。北部多为碱湖，南部有少数淡水湖。湖底沉积腐泥或沙土，湖周围有略向湖心倾斜的湖滨堆积，海拔在 1250—1370 m。

（2）冲积湖积平原：俗称滩地，多呈沙、滩交错镶嵌分布，面积大小不等。依据地下水埋深状况有"干滩""湿滩""水滩"之分。滩地地势较为平坦，植物密集而茂盛，有碱滩、芨芨草滩。滩地地下水一般较浅，土壤湿润，局部积水沼泽化，地表多有盐分聚集，滩周围多是流沙环境。

3）风沙地貌

（1）流动和半流动沙丘：流动沙丘几乎没有植物覆盖，由零星分布的高度和大小不一的各种新月形沙丘，以及呈不同密集程度分布的新月形沙丘链及格状沙丘组成。单个新月形沙丘平面宛如新月，高度一般为 3—15 m，宽度一般为 5—200 m，纵剖面两坡很不对称，迎风坡微凸而平缓，坡度一般为 5°—10°，背风坡下凹而较陡，坡度在 28°—33°。两个或两个以上新月形沙丘组成新月形沙丘链。由于沙丘两翼的水分条件较好，为植物生长提供了条件，往往首先得到固定，而沙丘中部在盛行风的作用下被推成马蹄形状，通常称为抛物线形沙丘，即形成半流动沙丘，如图 2-3 所示。抛物线形沙丘中部的宽度与两侧没有多大区别，呈弧形沙堆状，高度一般为 2—8 m。

图 2-3　湖区风沙地貌

（2）固定沙丘和半固定沙丘：当沙丘基本上被植物固定，土壤开始发育，但植物尚未完全覆盖整个沙丘，这就是半固定沙丘。沙丘进一步固定，植物覆盖度加大，沙土开始变紧，基本上已不发生风沙流动时便为固定沙丘。半固定沙丘和固定沙丘经常混杂在一起，其形态具有"蹄""堆""垅"三种，高度一般为1—20 m。

4）黄土地貌

黄土地貌一般呈长条梁状或峁状，标高1240—1320 m，相对高差80 m，由马兰时期灰黄色黄土组成。黄土梁峁的顶面波状起伏，由于暂时性流水的冲刷切割，"V"形冲沟发育。

5）河流地貌

无定河河谷深切，沟深30—60 m。河流地貌由全新世冲积砂砾石组成，发育有三级阶地及河漫滩。一级阶地为堆积阶地，一般高出河水面5 m左右，阶地面平坦，微向河倾；二级阶地为基座阶地，一般比河水面高20—25 m，上部有少量的河流冲积物，下部由萨日乌苏层组成；三级阶地局部零星残存，一般高出河水面35m左右，也是以萨日乌苏层为基座基地。

2.4　水文水资源条件

研究区气候干旱，降水稀少，地表水系发育较差，河流稀疏，内部为内流河，四周为黄河支流，属于黄河水系范围。除无定河、窟野河等少数河流常年有水流外，其他河流均为季节性山洪沟，在旱季断流无水，汛期则洪峰高、水流急且含沙量大。地表水资源由外流水系和内流水系组成，外流水系在东、西、南、北部均有分布，主要河流有都斯图河（俗称苦水沟），流域面积为 7882 km²；此外还有皇甫川、窟野河、无定河等水系。内流水系主要分布在中西部，流域面积在 100 km² 以上的河流主要有摩林河、红庆河、札萨克河等 14 条河流。研究区地下水资源相对较丰富，以大气降水和凝结水为主要补给来源。地下水丰水区主要分布在沿黄河冲积平原区、无定河流域区和毛乌素沙漠腹地。

鄂尔多斯地区在历史上新构造运动及长期风力和流水侵蚀的共同作用下，形成了许多侵蚀洼地、湖盆，洼地、湖盆长期积水便形成了湖泊。据统计，目前，水域面积在 1 km² 以上的湖泊有 68 个，水域总面积 317 km²，蓄水总量 6.18× 10⁸ m³（徐旭等，2002；孙金铸，1965）。湖泊的补给来源主要是大气降水，方式为地表径流直接补给和入渗形成地下径流的间接补给。晚更新世以来，区域气候趋于干旱化，致使湖泊水位下降，湖面大幅萎缩。

苏贝淖湖区地处鄂尔多斯地区中部内流区，东胜-四十里梁是该地区的地表分水岭，其东侧发育有无定河和乌兰木伦河；西侧有都思兔河和摩林河（乌审旗志编纂委员会，2001；何渊，2006）。该地区比较著名的河流有无定河和乌兰木伦河。此外，区域内发育有很多的内陆湖泊。从成因上划分，多为风蚀湖和构造湖；而按湖水盐碱化程度的不同，则可分为盐湖、碱湖和少量淡水湖三种。盐湖多靠近鄂尔多斯地区西北部、杭锦洼地与库布齐沙漠西段地区，如盐海子、察汗淖尔等；碱湖多分布在中部高地，如浩通音查干淖尔、达拉图鲁淖、哈马尔太湖等。

苏贝淖湖区地下水系统是鄂尔多斯高原水文地质区的一个组成部分。地下水含水层系统主要为第三系、白垩系、侏罗系与三叠系的含水层，局部有第四系冲积、洪积层的承压水。其中，白垩系含水层的厚度一般在 200—600 m，是良好的供水水源。滩地地区的浅层地下水水位在 0.5—1.5 m，但多属矿化度较高的咸水，仅局部可供沙地进行灌溉。

2.5　植被与土壤条件

研究区地处我国东南季风和西南季风相互作用的边缘区，为典型的干旱与湿润气候、沙漠与黄土、风蚀与水蚀、牧业与农业的过渡地带，因此，区域土壤和植被复杂多变。东部为干草原栗钙土，西部为荒漠草原棕钙土。植被稀疏，主要植被以沙生、旱生灌木为主，从东南向西北可依次分为典型草原、荒漠草原和草原荒漠三种植被类型（郭兰兰，2005）。据张新时（1994）的研究，该地区植被群落可以分为三种类型：①荒漠草原群落，主要包括戈壁针茅、沙生针茅与冷蒿、旱生灌木与半灌木等，如多根葱、亚菊、柠条、猫头刺等；②沙生植被群落，主要包括白沙蒿、油蒿、杨柴、柠条、沙地柏与沙柳等群落、灌丛；③草甸，主要包括一些分布于滩地的寸草、马蔺、芨芨草及一些盐生植物群落如碱蓬、盐爪爪等。

苏贝淖湖区流域人类活动较频繁，历史时期的过度开垦、过度放牧使天然植被荡然无存，仅在局部区域可见到残留的片段或个别植物代表，现有的植被多为次生植被，或为人工种植。研究区共有植被种类 408 种，分属 69 科 241 属，大致分为三大类群：①梁地上为草原与灌丛植被，主要植被类型有戈壁针茅、沙生针茅、冷蒿、藏锦鸡儿、红砂、驼绒藜、猫头刺等，对应的土壤类型主要为栗钙土；②半固定和固定沙丘、沙地上为沙生灌丛，主要植被类型有白沙蒿、黑沙蒿（又名油蒿）、杨柴、柠条、沙地柏、沙柳等，对应土壤类型为各类风沙土；③滩地上为草甸、盐生植被和沼泽植被，主要植被类型有寸草、马蔺、芨芨草、碱蓬、盐爪爪、白刺等，对应土壤类型为草甸土、盐碱土和沼泽潜育土（乌审旗志编纂委员会，2001）。典型植被如图 2-4 所示。

图 2-4　湖区典型植被

2.6 气候条件

研究区位于温带季风区西缘，属中温带半干旱大陆性气候。苏贝淖湖区年平均气温在 6℃—9℃，其中一月平均气温最低，在-14℃—-8℃，7 月平均气温最高，在 22℃—24℃，无霜期 130—170 天；全年日照时间为 2800—3000 h，且≥0℃积温为 2800℃—3000℃。多年平均降水量为 200—300 mm，主要集中于 6—9 月且 70%的降水集中在 7、8、9 三个月内，降水强度较大。湖区冬季以西北风为主，夏季则以东南风和西南风为主。年潜蒸发量在 2500—3000 mm，约为年降水量的 10 倍，区域干燥度为 3.5—4.0（乌审旗志编纂委员会，2001；杨泽元，2004）。

图 2-5 和图 2-6 为湖区 1955—2007 年年均气温和降水的变化曲线图。可以看出，20 世纪 50 年代中期以来，该地区的气候向暖干化方向发展，年平均气温缓慢上升，年均降水缓慢减少。特别是 20 世纪 80 年代中期以来，年均气温的上升幅度较 80 年代以前有所增加，1987—2007 年年均气温为 7.76℃，而 1955—1986 年年均气温为 6.64℃；年降水量在过去的 53 年间整体为下降趋势，而且年际变化较大，特别是在 20 世纪 70 年代中期以后到 80 年代初，年降水量先后出现全序列的最大值和最小值，在其他时段也为波动变化，幅度也较大。总之，湖区流域在 20 世纪 50 年代中期以来的气候变化总体上呈现出气温升高、降水减少的暖干化特点。

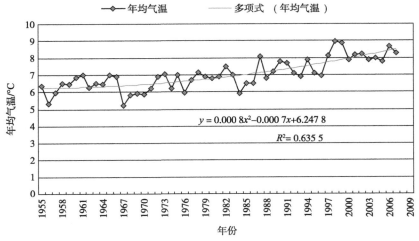

图 2-5 湖区 1955—2007 年年均气温变化曲线

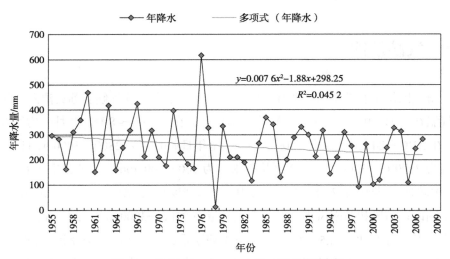

图 2-6　湖区 1955—2007 年降水量变化曲线

第 3 章 沉积物样品的采集与研究方法

3.1 沉积物样品采集

在野外考察之前，我们首先对内蒙古南部鄂尔多斯高原苏贝淖湖区的相关资料进行了全面的收集整理，简要了解湖区的自然地理情况，同时借助 Google Earth 软件初步确定了考察路线及采样地点。在 2009 年 8 月 1 日至 20 日和 2011 年 7 月 17 日至 26 日，我们先后两次到鄂尔多斯苏贝淖湖区进行野外考察调研（表 3-1），在此基础上确定了两个合适的采样地点，并用高精度 GPS 定位，同时记录采样点周围的地质地貌、土壤植被情况，并拍照。

表 3-1 苏贝淖湖区考察情况一览表

考察时间	考察内容
2009 年 8 月 1 日至 2009 年 8 月 20 日	高原盐湖考察，湖区周围打钻，采样，描述自然地理基本情况
2011 年 7 月 17 日至 2011 年 7 月 26 日	苏贝淖湖区周围二次打钻，采集样品，描述自然地理环境情况

苏贝淖湖区位于乌审旗北部地区，湖区周围为居民聚集带，有少量农田分布。湖盆周围地势较高且有固定沙丘分布。苏贝淖盐湖目前除湖心残存少量湖水外，基本上已经完全干涸。湖泊目前未被开发利用，我们在已干涸的湖芯及湖滨地区进行沉积物样品的采集。共选择了两处合适的采样点进行采样，编号分别为 SBN-1、SBN-2。沉积物岩芯直接在野外进行分样，为使每个层位的样品

不受其他部位的影响，在每次取样时剔除钻管接头部分的可能受到污染和扰动的沉积物。沉积物分样间距为 2 cm，共获得沉积物样品 265 个。为了避免沉积物样品被氧化污染，我们用封口塑料袋封装运回实验室。另外，用长 20 cm、直径 2.5 cm 的不锈钢管不等间隔从沉积物岩芯中心部位采集释光测年样品 10 个。在采集样品时，必须进行避光，可用黑色雨伞遮光，剥去表面已经暴露的沉积物，在岩性比较均一的细粉砂部位采集（200—250 g），然后用黑塑料袋和胶带密封两端钢管口，带回实验室并放入冰柜冷藏待处理。此外，在 SBN-2 剖面 25 cm 和 270 cm 处采集 ^{14}C 年代样品两个，用封口塑料袋封装运回实验室。遗憾的是此次采样没有采集到用于碳库效应校正的其他样品，如有机质残屑等，致使后面的碳库效应工作不能够得到更为精确的年代数值。剖面基本情况见表 3-2，采样点的具体分布见图 3-1。

表 3-2　两个剖面的基本情况

编号	经纬度	海拔高度/m	采样情况
SBN-1	109°00′48.18″E 39°15′1.85″N	1292	采样间距 2 cm，采深 220 cm
SBN-2	109°00′2.86″E 39°16′53.2″N	1290	采样间距 2 cm，采深 310 cm

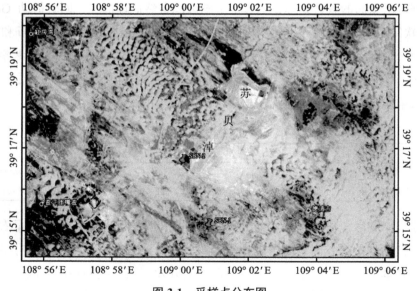

图 3-1　采样点分布图

3.2 沉积剖面特征

SBN-1 和 SBN-2 剖面（图 3-2）的岩性特征描述如下。

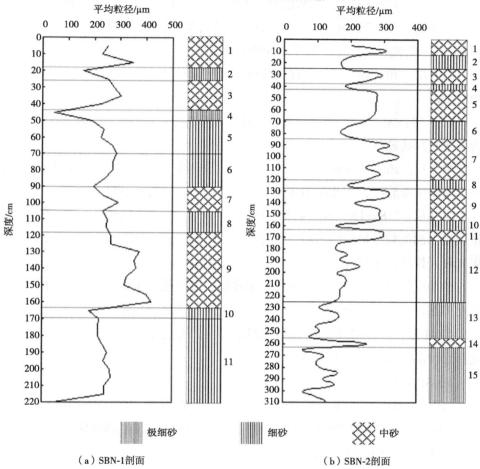

（a）SBN-1 剖面　　　　　　　　　　　（b）SBN-2 剖面

图 3-2　SBN-1 和 SBN-2 沉积地层柱状图

1）SBN-1 剖面

SBN-1 剖面位于苏贝淖湖泊南部湖滨地带（109°00′48.18″E，39°15′1.85″N），高程 1292 m，采样间距 2 cm，采深 220 cm。剖面特征描述如下。

第 1 层：0—18 cm，灰黄色中砂层，分选差；表层 0—10 cm 粒径较细，土壤化，含有植物根系和虫孔，表面遭受风蚀。

第2层：18—26 cm，深灰色细砂层，含少量泥，分选差，含少量碳酸盐胶结。

第3层：26—42 cm，浅灰色中砂层，分选差，在此层30 cm处采集光释光样品，编号为SBN-1-1。

第4层：42—50 cm，深灰色泥质极细砂层，分选差，含少量碳酸盐胶结。

第5层：50—70 cm，深灰色细砂层，分选差，含少量碳酸盐胶结，在此层70 cm处采集光释光样品，编号为SBN-1-2。

第6层：70—90 cm，浅灰色细砂层，分选差，具锈红色斑点；含少量碳酸盐胶结。

第7层：90—105 cm，浅灰色中砂层，分选差，具锈红色、锈黄色斑点；含少量碳酸盐胶结。

第8层：105—118 cm，深灰色细砂层，分选中等，具锈红色、锈黄色斑点；含少量碳酸盐胶结；在此层108 cm处采集光释光样品，编号为SBN-1-3。

第9层：118—162 cm，灰黄色中砂层，分选中等，具锈红色、锈黄色斑点；该层是全剖面粒径最粗的一层，平均粒径达到341.56 μm；在此层136 cm处采集光释光样品，编号为SBN-1-4。

第10层：162—169 cm，深灰色细砂层，分选差；在此层164 cm处采集光释光样品，编号为SBN-1-5。

第11层：169—220 cm，浅红褐色细砂层，分选差，在此层220 cm处采集光释光样品，编号为SBN-1-6。

2）SBN-2剖面

SBN-2剖面位于苏贝淖湖泊西南部的干涸湖芯地带（109°00′2.86″E，39°16′53.2″N），高程1290 m，采样间距2 cm，采深310 cm。剖面特征描述如下。

第1层：0—12 cm，灰黄色中砂层，分选差。

第2层：12—26 cm，灰黑色细砂层，分选差；在此层25 cm处采集光释光样品（编号为SBN-2-1）和^{14}C测年样品（编号为SBN-2-C1）。

第3层：26—38 cm，灰黑色中砂层，分选差，含少量碳酸盐胶结。

第4层：38—42 cm，灰黑色细砂层，分选差，含少量碳酸盐胶结。

第5层：42—69 cm，灰黑色中砂层，分选差。

第6层：69—85 cm，灰黑色细砂层，分选差。

第 7 层：85—120 cm，灰黑色中砂层，分选较差；在此层 90 cm 处采集光释光样品，编号为 SBN-2-2。

第 8 层：120—128 cm，灰黑色细砂层，分选差；含少量碳酸盐胶结。

第 9 层：128—154 cm，灰黑色中砂层，分选差；含少量碳酸盐胶结。

第 10 层：154—163 cm，黑色细砂层，分选差；含少量碳酸盐胶结。

第 11 层：163—172 cm，黑色中砂层，分选差；在此层 165 cm 处采集光释光样品，编号为 SBN-2-3。

第 12 层：172—225 cm，黑色细砂层，分选差。

第 13 层：225—255 cm，黑色至灰黄色泥质极细砂层，分选差。

第 14 层：255—263 cm，灰黄色中砂层，分选差。

第 15 层：263—310 cm，灰黄色泥质极细砂层，分选差；在此层 270 cm 处采集光释光样品（编号为 SBN-2-4）和 ^{14}C 测年样品（编号为 SBN-2-C2）。

3.3 沉积物年代学研究方法

3.3.1 光释光测年

光释光测年是由 Huntley 教授于 1985 年首先提出的，它是用于第四纪地质、考古等测年的一种新方法（陈杰等，1999；Huntley et al.，1985）。该测年方法的出现立即引起了社会各界的高度关注，并迅速成为第四纪沉积物测年的重要技术手段之一。在国外，光释光测年技术主要在晚更新世以来的风成黄土、沙丘的形成演化、气候环境演变、古水文演化等方面得到广泛应用。在我国，该技术近些年来主要在黄土与湖泊等沉积物所记录的气候环境演化、区域风沙活动及沙漠的形成演化、古水文演化、地貌过程、古人类遗址及考古研究等方面应用较为广泛（赵华等，2001；赵华，2003；Antoine et al.，2001；Hilgers et al.，2001；Stokes et al.，2003；赖忠平等，2001；孙继敏和丁仲礼，1997）。光释光测年技术与其他测年方法（如 ^{14}C、U 系、K-Ar、U-Pb、Rb-Sr 测年法等）相比有其自身的优势：①光释光方法可以测定沉积物的沉积年龄，尤其是陆相和海相沉积物，而其他方法则不容易实现；②光释光测年所用的材料为沉积物样品中的部分矿物成分，这些矿物成分很好获取，如长石、石英等在干旱地区湖泊沉积物中很容易找到，而其他测年方法，如 ^{14}C 测年，其所需要的含碳量较高的沉积物样品以及可用于碳库效应校正的其他有机质残屑等在干旱区很难找到；③光释光方法测定的时间跨度较大，如石英、长石等矿物的光释光测年范围可以是百年到几十万年，甚至可以是几百万年。

然而，光释光测年技术也存在一些缺点或局限性，主要原因是该方法是一种多参数测年法，测年基础建立在晶体矿物的电离辐射效应上。但是，众所周知，不同的矿物晶体，甚至是同一矿物晶体，其内部结构具有复杂性和多样性，且在不同时间、不同地点，晶体对电离辐射的响应有所不同，这就使光释光方法在测年时还具有一定的经验性。此外，在测年的精度上，光释光测年法与 ^{14}C、U 系测年法等还有一定的差距。

1. 沉积物光释光测年原理

在利用特殊光源照射矿物晶体时，晶体中积存的电离辐射能被激发并以光的形式释放出来，这就是所谓的光释光。目前，光释光测年可用不同波长、不同能量的光作激发光源，可以用绿光（514 nm）、红外光（880 nm）和蓝光（470 nm）等多种不同的激发光源（贾耀峰等，2005）。矿物晶体的释光量与其所接受的辐射剂量成正比例关系，而辐射剂量与时间成正比关系，因此沉积物样品的沉积年龄可表示为

$$t = \frac{N}{B} \text{或} t = \frac{D_e}{D_y} \tag{3-1}$$

式中，t 为沉积样品的年龄；N 为晶体中积存的释光总量；B 为自然界各类辐射每年产生的释光量总和；D_y 为自然界各类辐射在矿物晶体中每年所产生的辐射剂量总和；D_e 为沉积物样品的等效剂量，即产生相当于样品天然释光信号水平所需的实验室剂量，也称古计量 P（陈淑娥等，2003）。沉积物样品的等效剂量和年剂量率可以在实验室测定获得，即可以通过样品及其周围物质的铀、钍（Th）、钾和含水量的测量来获得。

在光释光测年法测定沉积物样品的年龄时，样品需满足以下几个条件：①沉积物样品中的石英颗粒等碎屑物质在受力搬运、沉积过程中应在太阳光下暴露过，即使是短时间的暴露；②石英颗粒等物质的光释光信号的热稳定性很高，也即在常温下不会衰减；③地层剖面沉积埋藏以后，石英颗粒等物质所处环境的电离辐射应是恒定的，而且它们所接受的辐射剂量率是常数，这就要求沉积地层基本上

处于铀、钍封闭体系中或者铀、钍处于动态平衡状态（卢演俦等，1997）。

2.沉积物光释光测年实验方法

沉积物光释光测年使用的实验仪器为美国 Daybreak 公司生产的 Daybreak 2200 自动测量系统（Daybreak Nuclear and Medical Systems），释光信号激发光源为蓝光（470 nm），红外光源（880 nm），激发的最大功率为 45 mW·cm^{-2}，实验过程中选用 80% 激发功率，激发的温度是 125 ℃。具体实验测定过程如下。

1）沉积物样品的前处理

（1）从密封的不锈钢管中取出湖泊沉积物样品，除去光管两头沉积物表面可能遭到曝光的部分，从中心部分中取大约 20 g 沉积物样品，测定该部分沉积物样品的含水量以及铀、钍、钾的含量。

（2）将钢管中剩余沉积物样品的核心部分放入 1000 mL 的玻璃烧杯中，同时加入足量的蒸馏水进行搅拌、洗涤、浸泡，浸泡的时间约为 10 h。

（3）向经过上述步骤处理的沉积物样品溶液中加入浓度为 10% 的盐酸（HCl）溶液，搅拌、摇匀，视化学反应的剧烈程度，分批多次加入盐酸使其完全反应，直到不冒气泡为止；此步骤的目的是去掉沉积物样品中所含的碳酸盐。

（4）向上述样品溶液中加入足量浓度为 30% 的过氧化氢（双氧水，H_2O_2），直到没有气泡产生为止。需要注意的是，我们在加入 H_2O_2 时，如果化学反应非常剧烈，则应分批次少量加入，因为如果一次加入过多的 H_2O_2，会使反应的温度急剧升高，长时间的高温可能对样品释光产生一定影响；此步骤的目的是对沉积物样品中的有机质进行消解。

（5）分离出用于等效剂量 D_e 测量的样品粒级。将上述去除碳酸盐和有机质的样品用蒸馏水不断冲洗，直到溶液呈中性为止；同时将其放在超声波清洗器中振荡 15 min 左右，使沉积物样品中的颗粒彻底分散；然后将上述样品放入烘箱中进行低温烘干；烘好后，取出样品进行过筛，提取粒度在 90—180 μm 的沉积物颗粒成分。

（6）称取经过上述步骤提取出的粒径在 90—180 μm 的沉积物颗粒 20—30 g，装入避光的试管内，然后用重液先后分离 2.62 g/cm³ 和 2.70 g/cm³ 的沉积物颗粒，分离好后摇匀，沉淀 36 h 左右。

（7）小心地从试管中取出经过重液分离后的上浮部分样品，用蒸馏水充分洗净，然后再装入避光的容器内，并放入烘箱进行低温烘干；取经低温烘干后的沉积物样品放入玻璃烧杯中，加入足够量浓度为 40% 的氢氟酸溶液进行溶蚀，时间控制在 40—50 min，之后再加入浓度为 10% 的盐酸溶液，目的是去掉溶液中的氟化物，同时用足够的蒸馏水充分冲洗，直至溶液呈中性为止。将上述溶液放入烘箱进行烘干，然后磁选去除其中的铁磁性物质，这样我们就得到了纯度较高的石英颗粒。

2）沉积物待测样片的制备

取厚度为 0.5 mm、直径为 10 mm 的薄铝片，将其平铺放在干净的白纸上，均匀地涂上一层薄薄的硅油，放置 5 min 左右。然后将经过前处理得到的较纯的石英颗粒均匀地铺放在一张光滑的白纸上，将铝片有胶的一面平扣在石英颗粒上，用镊子慢慢夹起铝片并轻轻敲打，使黏得不牢的颗粒掉落，其余石英颗粒均匀且牢固地黏在铝片上，则此铝片为待测量的样片。

3）上机测试

用 Daybreak 2200 型 TL/OSL 测量系统进行等效剂量（D_e）的测定。采用单片再生剂量法测量样品的等效剂量（D_e）（Murray and Wintle，2000；Wintle and Murray，2006）。单片再生剂量法的优点是在测量过程中光释光信号灵敏度的变化可以通过试验剂量产生的释光信号来验证（刘嘉麒等，2001）。

首先，我们把制好的样片在 220℃ 下预热 10 s，然后在 125℃ 下用蓝光激发 40 s，测量样片的自然释光信号强度；同一样品再附加一个固定的实验剂量，加热到 160℃，并测量其信号后，用蓝光在 125 ℃ 下激发 40 s，测量实验剂量的释光信号强度。

其次，给样片辐照一个接近于等效剂量值的再生剂量，用前面同样的方法预热后测量再生剂量信号和实验剂量信号，重复 5 次这种测量循环。经灵敏度校正后的再生光释光信号与再生剂量作图得到测量单片的生长曲线，将校正后的自然光释光信号投影到生长曲线上，用内插法得到测量单片的等效剂量（张家富等，2007）。

在计算年剂量时，需要计算沉积物样品中的含水量、钾含量、铀含量和钍含量。其中，样品中的含水量通过以下公式计算得到：土壤含水量=（烘干前铝盒及样品重量−烘干后铝盒及样品重量）/（烘干后铝盒及样品重量−烘干空铝盒重量）×100%；样品中钾的含量是用火焰光度法测定；铀和钍放射性衰变对年剂量的贡献大小由 Littlemore 低水平 α 计数仪（7286）测量；石英的 α 效率系数取 0.04（张家富等，2007；Rees-Jones J，1995）。

3.3.2 ^{14}C 测年

湖泊沉积物中通常含有一定数量的有机碳，它们分别来自陆生或湖泊自生的植物或动物，因此非常适宜 ^{14}C 测年（沈吉等，2011）。^{14}C 测年也叫放射性碳素断代法，该方法是由美国著名的物理化学家、放射化学专家、同位素示踪技术专家利比（Libby）和他的研究小组在 1947 年创立（Libby，1952），并在 1952 年出版了著作《放射性测年法》。^{14}C 测年法最初在考古学中得到了广泛的应用。

碳元素在自然界中分布很广泛，约占地球地壳组成的 0.018%。碳元素的原子序数为 6，因此共有 6 种碳的同位素，但是天然碳的同位素共有 3 种，分别是 ^{12}C、^{13}C 和 ^{14}C，其中 ^{12}C 和 ^{13}C 是稳定同位素，分别占碳总量的 98.892% 和 1.108%，^{14}C 具有放射性。此外，通过人工还可以合成碳的多种同位素，如 ^{10}C、^{11}C 和 ^{15}C。它们的半衰期很短，分别是 19.1 ± 0.8 s、20.42 ± 0.062 s 和 2.4 ± 0.3 s，因此 ^{10}C、^{11}C 和 ^{15}C 属于寿命很短的放射性同位素，不可能长期存在于自然界中。宇宙中各种能量的中子与 ^{14}N 相互作用可以形成 ^{14}C 及其他放射性元素，即

$$^{1}_{0}n + ^{14}_{7}N \rightarrow ^{14}_{6}C + ^{1}_{1}H \qquad (3\text{-}2)$$

^{14}C 在大气圈中形成以后，很快就被氧化形成 $^{14}CO_2$，那么 $^{14}CO_2$ 和 $^{12}CO_2$ 的混合体共同参与到水圈和生物圈的碳循环过程中。自然界中的植物在光合作用过程中能够吸收大气中的 CO_2 进而合成有机物质，一些植物进入部分食草动物体内，$^{14}CO_2$ 随之也进入动物体中，因此无论动物还是植物，其体内均含有一定数量的 ^{14}C。Damon 等对自然界的碳循环过程进行了详细研究，在碳循环过程中，如果 C 停止交换，那么 ^{14}C 将按放射性元素的衰变规律自行减少，且有以下衰变定律（黄麒和韩凤清，2007）：

$$A_s = A_0 e^{\lambda \tau} \text{ 或 } Y = \tau \ln A_0 / A_s \qquad (3\text{-}3)$$

式中，Y 为生物死亡（及其样品形成）年龄（a）；λ 为 ^{14}C 衰变常数（1.2097×10^{-4}/a）；τ 为 ^{14}C 平均寿命（8267 a）；A_0 为平衡状态时 ^{14}C 放射性活度；A_s 为样品中 ^{14}C 放射性活度。根据以上放射性衰变定律，利比在 1947 年创建了 ^{14}C 测年方法，并在 1952 年测定得到 ^{14}C 的半衰期为 5568 ± 30 年（王绍武和龚道溢，2000），后来 Polach 和 Golson 将 ^{14}C 的半衰期校正为 5730 ± 40 年。

当然，我们利用 ^{14}C 的半衰期计算得到的沉积物样品的年龄并不是其真实的、绝对的年龄。因为 ^{14}C 测年存在许多假设条件，如在过去几万年的历史环境中，宇宙射线的强度保持不变，^{14}C 的生成和衰变为动态平衡状态，自然界各交换储存库中 ^{14}C 的浓度（放射性比度）保持不变；^{14}C 初始浓度不会受时间、地点和物质的影响而发生改变；地球各圈层中 $^{12}C : ^{13}C : ^{14}C$ 的比值是恒定的；等等。然而，这种情况是理想的，在实际中并不存在。^{14}C 的初始放射性比度在自然界中是不断起伏变化的，碳的各种同位素在相互交换和反应过程中会发生分馏效应，因此，只有经过碳同位素分馏效应的校正得到的 ^{14}C 年龄才是样品的实际年龄。树木的树轮在过去的历史环境中能够较精确地记录 ^{14}C 初始浓度的波动起伏变化，而且我们可以精确地对树木的生长年代进行计数，同时，树轮木质同样是用于 ^{14}C 年代测定的较好材料，因此，我们将树轮计数和 ^{14}C 年代测定结果相比较，就可以将 ^{14}C 年龄校正到树轮所反映的实际年龄。那么，经过树轮校正后的 ^{14}C 年龄也叫做沉积物样品的"日历年龄"。

1. ^{14}C 测年基本方法及原理①

^{14}C 测年法是目前放射性同位素断代方法中精度较高和准确度较好的方法之一，该方法已经被广泛应用于考古、湖泊、海洋、土壤、第四纪地质等科学研究中。随着科学技术的迅速发展及测年方法的不断改进，^{14}C 测年法有多种具体方法和原理，基本上可以分为衰变计数法和原子计数法。

1）衰变计数法

衰变计数法的原理是通过测定 ^{14}C 原子在衰变过程中释放出的 β 粒子来计算 ^{14}C 的含量，从而进行年代计算。衰变计数法按照所测量样品形式的不同，可以分为固体计数法、气体计数法和液体计数法三种。

固体计数法的原理是将样品放在 O_2（氧气）中进行燃烧生成 CO_2，再用还原剂镁粉进行还原得到碳粉，最后用屏栅盖革计数管进行测量。但是，固体计数法的探测效率相对较低，只有 5%，而且由于碳粉本身具有较强的吸附作用，从而会吸收周围的一些杂质，故该方法很快就被淘汰掉了。

气体计数法的原理是将样品碳先转化为气态物质，然后再充入正比计数管

---

① 沈吉、薛滨、吴敬禄等：《湖泊沉积与环境演化》北京：科学出版社，2011 年，第 20—23 页；黄麒、韩凤清：《柴达木盆地盐湖演化与古气候波动》北京：科学出版社，2007 年，第 1—14 页。

进行测量。气体计数法的优点是样品碳可以转化为多重气体形式，如 C_2H_2（乙炔）、CH_4（甲烷）、CO_2 等，但由于转化为 CO_2 简便易行，故 CO_2 是实验中经常选择的气体。当然选择 CO_2 也有缺点，一是 CO_2 与其他气体相比也容易吸附电性气体；二是对 CO_2 的纯度要求较高，这就影响了计数性能，故该方法也遭到了弃用。

液体计数法的原理是利用液体闪烁器的闪烁液来进行 β 粒子放射计数。液体计数法首先需将样品碳制成苯，然后再利用液体闪烁计数器进行苯的 ^{14}C 放射性测定。

以上三种 ^{14}C 测年方法的基本原理是一致的，都是测定一定量样品中的 ^{14}C 原子在一定时间内衰变数目，所以三种方法对沉积物样品量的依赖程度比较高。一般来说，如果 ^{14}C 样品含碳量在 1—10 g，那么年代测量的精度可以达到 2‰—5‰，测定年限为 0.5—50 ka。如果样品较少，我们在实验中进行计数时就需要更长的时间，这就难免放大了误差量，尤其是当沉积物样品中的有机碳含量较低时，进行计数是非常困难的。

表 3-3 表明，样品年代和其相应的 ^{14}C 核衰变数及 ^{14}C 的原子数目，对于 50 ka 以上的标本衰变小于 0.1 dpm[①]/g，如果探测器的本底能小于 0.1 cpm[②]，则也要测试样品（如苯）中含有 5 g 以上的碳才能获得比较可靠的年龄数据（黄麒和韩凤清，2007）。如果我们为了得到足够量的沉积物样品而在实际的采样过程中扩大采样间距，这就无疑使误差增大，同时造成时间分辨率较低等问题。近年来发展起来的加速器质谱法可以克服这一困难。加速器质谱法也叫原子计数法，该方法对样品的需求量非常小。

表 3-3　标本年代和相应的 ^{14}C 原子数及 ^{14}C 核衰变数

标本年代/a	$^{14}C / ^{12}C$	每克碳中 ^{14}C 原子数	每克碳每分钟衰变的 ^{14}C
现代碳	1.2×10^{-12}	6.0×10^{10}	13.5
19 000	1.2×10^{-13}	6.0×10^{9}	1.35
50 000	2.4×10^{-15}	1.2×10^{8}	0.026
75 000	1.2×10^{-16}	6.0×10^{6}	0.013
100 000	5.0×10^{-18}	3.0×10^{5}	0.0007

注：原子数和 C^{14} 核衰变数单位均为个

---

① dpm：disintegrations per minute，即衰变/分，指放射性活度，每克样品中每分钟衰变的原子数。

② cpm：counts per minute，即次数/分，探测器计数。

2）加速器质谱法

加速器质谱法的原理就是借助仪器直接测定样品中 ^{14}C 原子数。首先将经过前处理的 ^{14}C 样品放到加速器中，利用重离子加速、重离子探测鉴别等技术将粒子加速到高能，并应用物理方法将 ^{12}C、^{13}C、^{14}C 原子进行分离，然后单独统计 ^{14}C 原子的数量，这种方法又叫原子计数法。加速器质谱法与衰变计数法相比有很多优点，如样品量需求较少、测量时间短、探测灵敏度较高、精确度高等，而且该方法还可扩大 ^{14}C 测年技术的应用范围，如可以对样品的孢粉、植物碎片等进行测量。

表 3-4 对早期的加速器质谱法和衰变法的测定结果做了详细比较。由表 3-4 可以看出，加速器质谱法（原子计数法）在 ^{14}C 年龄测定上是比较成功的（黄麒和韩凤清，2007）。当然，任何方法都有局限性，加速器质谱法也不例外，它与其他常规 ^{14}C 断代法相比存在一些缺点，如仪器设备昂贵、需要的实验人员较多（10 人以上）等，这样就导致 ^{14}C 断代的费用大大提高。

表 3-4 加速器质谱法与衰变计数法测定 ^{14}C 年代结果比较

单位	使用的技术	测定结果
加州大学劳伦斯实验室	88 英寸回旋加速器，CO_2 或 CH_4 正离子源加速到 60MeV，用 Xe 气室消除 N^{14} 正离子干扰，Δ E-E 离子探测器测定	盲测一个标本为 5900±800 年，而 UCLA 用衰变计数法测定为 5080±60 年
美国罗彻斯特大学、美国离子通用公司、加拿大多伦多大学	串列静电加速器，固体碳 Cs 溅源，负子加速到 8 MeV，经碳箔剥离器转成正子，消除干扰，继续加速到 40 MeV，Δ E-E 离子探测器测定	对比测定 5 个样品，加速器质谱法（括号内为 USGS 法）220±300（220±150），5700±400（4590±250），8800±600（9150±300），41 000±1100（39 500 ±1000），48 000±1300
美国西蒙弗拉斯大学、美国马克麦斯脱大学	串列静电加速器，固体碳 Cs 溅源，负子加速到 8 MeV，经氧气剥离器然后加速到 35 MeV，Δ E-E 离子探测器测定	分出了现代碳和石墨的 ^{14}C 水平，测定年代较近的标本

资料来源：黄麒和韩凤清（2007）

2. ^{14}C 测年误差

对于沉积物的各种年代学测定方法，由于有时候样品本身存在问题且在采样过程、实验过程中也存在一定偏差，所以测年结果不可避免地会出现误差。虽然 ^{14}C 测年方法与其他同位素年代方法相比是相对准确可靠的方法之一，但是我们在样品的采集、实验测量等过程中往往会由于各种因素的影响而使实验结果出现一定误差。误差来源主要体现在以下几方面。

（1）^{14}C 断代法本身存在的问题。^{14}C 测年方法是建立在一系列假设条件基础上的，但实际情况并不能完全符合这些假设条件。从前文叙述的 ^{14}C 年代学方法及原理的内容中我们知道，^{14}C 测年是基于以下几个假设条件：在过去几万年的历史环境中，宇宙射线的强度保持不变，^{14}C 的生成和衰变要求处在动态平衡状态；^{14}C 初始浓度不受时间、地点和物质影响而发生改变；地球各圈层中 ^{12}C : ^{13}C : ^{14}C 的比值是恒定的；等等。但是，这完全是一种理想的情况，在实际中并不存在。例如，据测定，大气圈中 ^{14}C 的比度是不断变化的，过去 2.5 ka 以来，大气中平均 ^{14}C 比度接近基线，但在 7.5—6.0 ka BP，^{14}C 比度增加了大约 10%，太阳活动与地磁效应是引起大气圈中 ^{14}C 比度变化的主要原因（黄麒和韩凤清，2007）。

（2）"老碳"或"年轻碳"的混入问题。^{14}C 测年的假设条件之一是要求含碳物质在离开碳交换储存库后，应处于封闭的环境之中，但在实际中，我们很难找到符合这种假设条件的沉积物样品。因为物质在沉积后会受到一系列自然的或人为的扰动，如沉积物的再搬运和再沉积、一些物理的或生物的扰动等（沈吉等，2011）。因此在扰动过程中，沉积物中就会混入其他类型的碳酸盐。如果混入碳酸盐中的碳含有大量"死碳"，那么 ^{14}C 测出的年龄就会偏老；如果碳酸盐中碳含有较多的"现代碳"，那么 ^{14}C 测出的年龄则会偏年轻。所以，如果 ^{14}C 样品受到"老碳"或"年轻碳"的污染，我们所测出的样品年龄只是相对年龄，而不是沉积物的实际年龄。

（3）碳库效应问题。在进行 ^{14}C 测年时，我们所用的测年样品如果是来自陆生的高等植物残体，那么我们就不需要考虑碳库效应问题，只需考虑它们自身所反映的年代、在搬运过程中是否存在滞后作用、在沉积物中是否发生迁移等（黄小忠，2006）。但是在湖泊沉积物，尤其是干旱地区的湖泊沉积物中，找到能进行 ^{14}C 测年的陆生植物体基本上很难，故我们只能用湖泊中的水生植物或者湖泊沉积物中的总有机质（TOC）进行 ^{14}C 测年。但问题是水生植物生长的湖泊水体中，其 ^{14}C 和 ^{12}C 的比值往往由于各种原因并不能反映当时大气中 ^{14}C 和 ^{12}C 的真实比值，而是一定程度上小于大气中 ^{14}C 和 ^{12}C 的比值，那么，这样的测年材料就被认为是受到了碳库效应的影响，从而造成 ^{14}C 测年数据与样品的真实年龄存在一定偏差的结果。

当然，导致碳库效应的原因是多方面的，其最早是通过对海洋沉积物进行研究发现的。众所周知，海洋是地球上一个大型的 ^{14}C 储存库，海洋中的放射性碳来源有两种：一种是来自大气圈中的 CO_2；另一种则是来自海洋深处。海洋深层水一方面可以通过与地表水的混合得到 ^{14}C；另一方面也可从放射性衰变中得到 ^{14}C。年龄相同的陆生生物与海洋生物的放射性 ^{14}C 测年在年龄上存在差异，原因是陆生生物获得的 ^{14}C 主要来自于大气中的 CO_2，而海洋生物则不是。根据 J. Mangerud 在 1972 年对海洋沉积物的研究结果，发现位于同一沉积层位的海洋生物残体的 ^{14}C 年代要比陆生高等生物残体的 ^{14}C 年代偏老 300 年到 500 年，海洋生物残体年代偏老，一是大气圈中的 CO_2 与深海沉积物中的 C 元素交换的滞后作用所致；二是由海洋表层海水和深层海水进行混合交换时对 ^{14}C 原子数的稀释作用造成。目前，关于海洋沉积物的 ^{14}C 年代学研究已有很多成果，而且已建成了全球各大洋的碳库效应数据库。

与深海沉积物类似，湖泊沉积物中也存在碳库效应，但湖泊沉积物的碳库效应相比海洋沉积物则更为复杂。湖泊中不同来源的碳酸盐会导致沉积物的 ^{14}C 测年结果与真实年龄之间存在一定偏差。

对于碳库效应的校正，我们常采用其他技术方法来进行，如利用同一层位生物化石的 ^{14}C 年龄、同一层位陆生高等植物残体的 ^{14}C 年龄等，当然也可结合其他测年方法，如 ^{210}Pb、光释光测年等进行结果的对比。如果不具备以上条件和方法，我们还可采用线性回归的方法来进行碳库效应的校正，即根据一系列 ^{14}C 年代数据与相应的地层深度，用线性回归的方法建立深度-年代关系，假设表层沉积物年代为零，回归值即为碳库效应年龄（沈吉等，2011）。

碳库效应在不同的地区有所不同，即使是在同一地区，也可能因湖泊性质的不同而相差很大，因此碳库效应年龄在时间和空间上并非是恒定不变的，尤其是对于湖泊而言，区域特色更加明显（吴艳宏等，2007）。例如，青藏高原班公错、错鄂、兹格塘错的碳库效应年龄分别是 6670 年、3260 年和 2010 年（Fontes et al.，1996；Wu et al.，2007）；新疆博斯腾湖的碳库效应年龄为 1140 年（黄小忠，2006）；苏干湖的碳库效应年龄为 2000 年（强明瑞，2002）；青海湖为 1039 年（Shen et al.，2005），岱海为 360—410 年（Xiao et al.，2004；孙千里等，2006）。

（4）硬水效应问题。如果湖泊周围的地下基岩为碳酸盐或者土壤中含有大量的石灰质组分时，其湖泊水体中会含有大量的 HCO_3^-，造成湖泊水体硬度较大。

湖泊水体中的溶解无机碳主要来源于湖区流域内的"老碳"或"死碳"，它和大气圈中的 CO_2 不停地发生着交换。但是湖水循环的周期相对较为短暂，这就使湖水中的溶解无机碳和大气圈中 CO_2 之间的 ^{14}C 交换很难处于动态平衡状态。因此对于硬水型湖泊来说，在相同的时间段内，湖泊中自身生产的有机物质和碳酸盐的初始 ^{14}C 比度小于大气圈中的 ^{14}C 比度，那么测定得到的湖泊沉积物的 ^{14}C 年龄就存在偏老的问题，此种情况我们就称为湖泊的硬水效应（汪勇等，2007）。对于湖泊硬水效应的年龄校正问题，方法与碳库效应年龄校正的方法相类似，在这里就不再赘述。但是，在进行硬水效应的校正时有相当大的难度，因为不同地区的湖泊，其理化性质存在很大差别，如湖泊水体的深度、湖泊中沉积物类型、湖水的化学性质等都具有差异；即使是同一湖泊，其在不同地质历史时期的湖水理化性质也是不一样的，因此要想获得相对准确可靠的硬水效应校正年龄，难度相当大。

（5）测量误差问题。利用衰变计数法进行 ^{14}C 的年龄测定时，在样品制备过程中碳的同位素会发生分馏效应，这就或多或少会影响到测年数据的准确度。而且我们在制备样品时，前一批样品制备所余留的少量碳可能仍然残留在系统设备中，这也可能导致后面沉积物样品的测量结果出现一定的误差。

因此，我们在样品采集过程中尽可能采用先进的采样技术和方法，正确合理地采集 ^{14}C 样品，一定要避免"老碳"或"年轻碳"的人为混入；在样品的前处理及测定过程中务必严格按照标准的实验规程进行操作；经常对所使用的测量仪器进行检查、维修和清洁，保证仪器设备的稳定性和测量精度。此外，在条件允许的情况下，采取其他方法，如树木年轮等对 ^{14}C 年龄进行校正，或同时采用其他方法进行测年，对不同测年方法得出的数据结果进行比较分析。只有这样，我们的测年数据才更具精确性和可靠性。

3. 本书 ^{14}C 测年实验方法

本书 ^{14}C 测年方法选用近年来发展起来的加速器质谱法，^{14}C 样品的基本预处理过程在陕西师范大学旅游与环境学院沉积物及土壤样品前处理实验室完成，样品的前处理、样品的制备及加速器质谱法 ^{14}C 测年在中国科学院地球环境研究所与西安交通大学共建的西安加速器质谱中心完成。加速器质谱法 ^{14}C 测年原理及样品的前处理、制备过程分述如下。

1）加速器质谱法 ^{14}C 测年原理[①]

加速器质谱法 ^{14}C 测年是根据样品中碳的同位素比值来测定样品的年代的。样品的 ^{14}C 测年计算公式如下：

$$T = -\tau \ln(R_x / R_0) \tag{3-4}$$

式中，τ 为 ^{14}C 放射性衰变的平均寿命；R_x 为被测样品中 ^{14}C 和 ^{12}C 的比值；R_0 为 ^{14}C 和 ^{12}C 的初始比值，目前，国际上统一用现代碳作为初始比值；T 为样品的 ^{14}C 年龄，其单位为 a BP。在进行树木年轮校正时，公式中的 τ 取其惯用值 8033 a。由于在样品的制备及年龄测定过程中存在碳同位素的分馏效应，测定得出的 R_x 会偏离样品的实际年龄，因此我们需要用 ^{14}C 标准物质配制成标准样品，然后再将待测的样品进行轮换测量。而标准物质的同位素组成 R_s 是已知数，该值与现代碳标准之比 $K_s = R_s / R_0$ 已经经过标定。另外，各种不同的样品之间也存在自然分馏效应，也需要进行校正，于是有

$$T = -\tau \ln[K_s(R_x K_{fx}/R_s K_{fs})] \tag{3-5}$$

式中，K_{fs} 为标准样品的分馏校正因子，如果用中国糖碳作为标准物质，则 $K_s = 1.362 \pm 0.002$，$K_{fs} = 1$。

2）样品的前处理与制备过程

（1）将 ^{14}C 测年沉积物样品放入玻璃烧杯中，然后加入浓度为 2 mol/L 的盐酸溶液进行浸泡，浸泡时间为 48 h，目的是去掉沉积物样品所含的无机碳酸盐。当然，也可将烧杯放在多功能电热板上加热煮沸，最后去掉烧杯中多余的溶液，静置，这样可以节省实验时间。

（2）在上述步骤中得到的装有剩余沉淀物质的玻璃烧杯中加入浓度为 2% 的氢氧化钠（NaOH）溶液进行充分洗涤，目的是去掉沉积样品中所含的腐殖酸；然后再加入浓度为 2 mol/L 的盐酸对上述沉淀物质进行充分的洗涤；最后用足量的蒸馏水将剩余沉淀物质充分洗涤直至中性；这时得到了胡敏酸，将其放入烘箱中，并将烘箱温度调节为 60℃进行低温烘干，烘干后的样品备用。

（3）将经过低温烘干后的样品放在真空系统中，温度设置为 900 ℃，将样品中的有机质燃烧，同时将燃烧产生的 CO_2 气体收集到备用的容器中。

（4）把收集到的 CO_2 气体再次放入真空系统中，将 H_2（氢气）作为还原

[①] 郭之虞：《高精度加速器质谱 ^{14}C 测年》，《北京大学学报》（自然科学版），1998 年，第 34 卷，第 2—3 期，第 201—206 页。

剂加入系统中，同时加入催化剂铁粉，待充分反应后就得到了碳粉，也即石墨。

（5）用上述实验过程中得到的石墨制作石墨靶，然后将石墨靶样品放入加速器中进行测量。

在该实验中需要注意的是，加速器质谱法 ^{14}C 测年对石墨靶样品制作的要求较高，测量所用的石墨靶产生的离子束流要保持稳定持久且达到实验要求的强度，否则仪器测量的精度就会大大下降（仇士华，1987）。一般来说，石墨靶样品在制备时要注意以下几个方面。

首先，制作好的样品石墨靶上的碳粉力求分布均匀，这样产生的离子束流才能保证持久（30 min 以上）和稳定（大于 10 μA）。

其次，石墨靶上的碳同位素成分要均匀，以免引起不稳定碳同位素的分馏效应。

最后，在进行石墨靶样品的制备时，一定要保证各个样品之间不受交叉污染。

3.3.3　环境代用指标的指示意义及测定方法

古气候与古环境信息常被保存在深海沉积、湖泊沉积、风尘堆积及冰芯等沉积体系中，丰富的沉积物质载体详细地记录了过去较长时间段内的环境变化信息。各类沉积物中具有的一些特性我们可以通过一些有效的环境代用指标来转化为古环境信息，从而进行全球及区域环境的演化与对比研究。当然，我们在选用环境替代指标进行环境演变研究时，尽可能选择那些对环境变化响应较明显、响应机理清晰及有明确古环境意义的指标。目前研究古气候或古环境演化所用的有效替代指标有粒度、磁化率、孢粉、元素地球化学、有机质、碳酸盐、稳定同位素等，本书根据野外采样的实际情况及室内实验设备条件，共选取了粒度、磁化率、元素地球化学、烧失量、碳酸盐五大环境代用指标进行环境演化综合分析。

1. 粒度的指示意义及实验方法

1）指示意义

沉积物粒度是进行环境演化研究常用的代用指标之一。该指标具有不受生物作用的影响、对气候环境变化非常敏感、样品采集简单易行、测试成本低廉等诸多优点，因此受到广大环境变化研究者的青睐。在风力、流水等不同搬运方式、不同搬运介质及复杂多变的沉积环境等多种因素的影响下，沉积物粒度的组成具有明显差异。安芷生等（1991a，1991b）、熊尚发等（1996）对黄土的研究结果显示，沉积物粒度的变化特征可以较好地指示东亚冬季风和夏季风的强弱变化；湖泊沉积学研究表明，沉积物粒度能够揭示湖区周围气候的干湿状况、湖泊水位的起伏波动、区域风沙活动及冰川的进退等多方面的古环境演化信息（陈敬安和万国江，2000；Peng et al.，2005；孙千里等，2001；强明瑞等，2006；Lie et al.，2004）。

湖泊沉积物的粒度组成变化特征受多种因素的影响与控制，除受湖泊本身的面积大小、水位的高低、水动力条件等因素影响外，也受湖泊流域地质地貌状况、气候条件、植被与土壤条件、湖区地表的风化程度等多种自然条件及人类活动的影响，所以湖泊沉积物的粒度组合分布特征所反映的古环境信息是相对复杂的。在不同的地区或者是同一地区的不同湖泊，其沉积物粒度有可能指示着不同的环境演化过程。孙千里等（2001）对岱海的沉积物粒度研究表明，岱海的沉积物粒度从湖岸到湖心逐渐减小且呈现环状分布，先后出现砾石、砂粒、粉砂和黏土，说明湖心沉积物粒径的大小在一定程度上代表着湖泊水动力条件的强弱。因此一般来说，当区域气候干旱、降水减少时，湖泊面积萎缩，水位下降，此时湖心与沉积物源区的距离减小，沉积物粒度增大；反之，如果气候湿润、降水增加导致湖泊水位上升时，湖心与沉积物源区的距离则增大，沉积物粒度减小。当然，湖心沉积物粒度的大小所反映的气候干湿变化也不是绝对的，因为即使在气候干旱期，如果出现几次强降水事件，突发性的地表径流同样可以携带粗颗粒物质进入湖泊中，造成湖泊沉积物粒度有所增大（张振克等，1998）。然而，上述论述的像岱海这种沉积作用模式以及粒度组成特征所揭示的区域气候的变化是一种较为理想的情况，对于进行百年以上较长时间尺度且水位波动较大的封闭型湖泊的环境演化研究来说可能是适用的，但对于年际或十年以下等较短时间尺度且水位波动变化不大的开放性湖泊而言是不适用的（师育新，2006）。因为，在较短时间尺度内，开放性湖泊的水位变化不会太大，其影响湖泊沉积物粒度大小的重要因素是区域降水量的多寡。降水增加时，湖区流域的地表径流相应增加，那么数量较多的粗颗粒碎屑物质便会被流水携带入湖。如果湖泊面积不大，那么湖水在湖泊中的相对停留时间就较短，大量的细颗粒碎屑物质根本来不及参与沉淀就被水流带走，这就使湖泊沉积物中的粗颗粒物质相对较为富集。故湖泊沉积物中粗颗粒物质的多少同样反映了湖区流域降水量的多少。Campbell 在 1998 年对加拿大的 Pine 湖进行了研究，结果表明，Pine 湖较细的沉积物粒度反映了湖区流域气候相对干旱，而较粗的沉积物则指示湖区流域气候相对湿润。总之，我们在选用湖泊沉积物粒度指标作为环境替代指标进行环境演化研究时，要具体情况具体分析，务必弄清楚其真实的环境指示意义，而不能机械般地简单套用，要同时结合其他环境代用指标进行综合分析才能得到较为准确的结论。

本书的研究对象是位于鄂尔多斯高原南部沙区的苏贝淖盐湖，其属内陆封闭湖泊且湖盆浅而宽；研究的时间尺度也相对较长（全新世以来）。因此，根据苏贝淖盐湖的实际情况，参考前人对干旱区封闭湖泊的研究成果，认为湖泊沉积物粒径较粗代表湖泊萎缩、水位下降、降水减少的干旱气候，而沉积物粒径较细则代表湖泊扩张、水位升高、降水较多的湿润气候。

此外，由于本书研究区域地处毛乌素沙漠地区，风沙活动比较强烈，随风进入苏贝淖湖泊的粗粒物质就会增加，因此沉积物的粒度组成中必定会有一部分或大部分为颗粒较粗的风沙沉积物。另外，苏贝淖湖区所处区域地表径流并不发育，湖水的最主要的补给来源是地下水，因此湖泊沉积物粒度的大小受地表径流携带入湖组分的影响很小，这部分组分微乎其微的贡献可以忽略不计。

2）实验方法

粒度实验使用的仪器为英国 Malven 公司生产的 Mastersizer 2000G 型激光粒度测量仪，该仪器可以测定范围在 0.02—2000 μm 的样品粒径，而且测定的相对误差很小，一般来说在 2%以下。沉积物样品前处理方法及测量步骤如下。

（1）用万分之一电子天平称取经过自然风干的沉积物样品 1.5—2.5 g（视沉积物性质的不同，称取不同的量）放入容量为 500 mL 的玻璃烧杯中，肉眼观察沉积样品的颜色，估算沉积物样品中有机质的含量，然后加入足量（样品刚好被全部淹没）浓度为 10%的过氧化氢，并在电热板上加热，使其充分反应，直到不冒气泡为止，目的是去掉沉积物样品中的有机质。

（2）将上述步骤中的烧杯取下，静置冷却，加入 10 mL 浓度为 10%的盐酸溶液，再次将烧杯放到多功能电热板上加热，使其彻底反应，直到看不到气泡冒出为止，目的是去掉样品中所含的次生碳酸盐。

（3）取下上述步骤中的烧杯并冷却，然后加满蒸馏水，静置 72 h 后，缓慢抽掉烧杯中上部的溶液，再加满蒸馏水静置，重复此步骤，充分稀释溶液中的盐酸，直至用 pH 试纸检验溶液呈中性为止，然后缓慢抽掉烧杯中上部分溶液，剩余溶液用于上机测试粒度。

（4）在剩余的溶液中加入 5 mL 浓度为 0.5 mol/L 的六偏磷酸钠（NaPO$_3$）分散剂进行分散，同时将烧杯放入超声波震荡器中进行振荡，时间为 7 min 左右。

（5）将上述已加分散剂的剩余溶液全部加入 Mastersizer 2000G 型激光粒度仪中进行粒度的测定，每个样品需重复测量 5 次，最后取其平均值。在测量过程中，超声波强度设定为 12.50，转速为 2500 转/分，遮光度控制在 15%—24%。

利用沉积物粒度指标反映环境变化时，需对粒度进行详细的分级。目前，常用的粒度分级标准有毫米（mm）值和 Φ 值两种标准。克鲁宾提出的 Φ 值标准是在尤登-温德华氏提出的等比 Φ 值粒径标准基础上通过公式换算得到的。毫米（mm）值和 Φ 值的转化关系为：$\Phi = -\log_2 D$，式中，D 为沉积物颗粒的毫米（mm）直径。此外，在分析沉积物的粒度组成时，我们经常采用三角结构分类法（Shepard，1954），砂、粉砂、黏土分别用三角形的三个顶角表示，各种粒级沉积物类型的命名由其样品量占总重量的百分数确定。具体的分级标准见表 3-5，沉积物结构分类见图 3-3（任明达和王乃梁，1981；陈碧珊，2010）。

表 3-5　粒度分级标准

粒级名称		粒径范围	
		mm	μm（Φ）
砂	极粗砂	2—1	2 000—1 000（−1—0Φ）
	粗砂	1—0.5	1 000—500（0—1Φ）
	中砂	0.5—0.25	500—250（1—2Φ）
	细砂	0.25—0.125	250—125（2—3Φ）
	极细砂	0.125—0.063	125—63（3—4Φ）
粉砂	粗粉砂	0.063—0.031 5	63—31.5（4—5Φ）
	中粉砂	0.031 5—0.015 7	31.5—15.7（5—6Φ）
	细粉砂	0.015 7—0.007 8	15.7—7.8（6—7Φ）
	极细粉砂	0.007 8—0.004	7.8—4（7—8Φ）
黏粒		<0.004	<4（>8Φ）

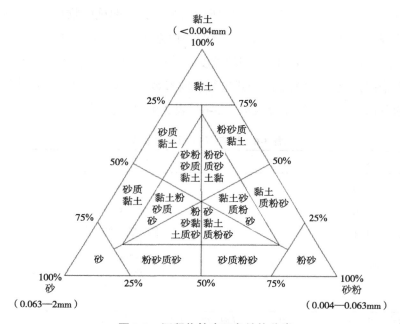

图 3-3 沉积物粒度三角结构分类

粒度测定结果分析所用的参数一般包括平均粒径、中值粒径、众数粒径、分选系数、偏态、峰态、砂粒（粒径大于 63 μm）和黏土（粒径小于 4 μm）颗粒的百分含量及粒度组成分布图等。平均粒径（mean）是沉积物颗粒粒径的平均值，代表沉积物粒度分布的集中趋势，反映物质来源和环境变化；中值粒径（median）表示沉积物组成的等分状况（成都地质学院陕北队，1976），是粒度累积频率曲线上坐标为 50% 处所对应的沉积物粒径的大小；众数粒径（mode）表示沉积物粒度组分中含量最高的颗粒粒径；分选系数（δ_1）表示沉积物粒径频率曲线的扩散程度，反映颗粒分选的好坏，可区分不同成因的沉积物；偏态（SK_1）是对沉积物颗粒粗细的一种反映，可度量颗粒频率分布的对称程度；峰态（KG）是度量沉积物粒度分布趋向形态的一种尺度，即度量分布曲线的峰凸程度；大于 63 μm 和小于 4 μm 颗粒的百分含量可以反映区域冬季风和沙尘暴事件、夏季风强度的演化（Hutchinson，1957；沈吉等，2006；曹红霞，2003）；粒度组成分布图表示不同粒径的颗粒所占的份额。

沉积物粒度参数的计算方法有福克-沃德（Folk-Ward）图解法和麦克马纳斯（McManus）矩法两种（Hutchinson，1957）。两种计算方法相比，福克-沃德图解法更具有优势，主要体现在该方法所用的公式具有明确的物理意义，而且计算的准确程度较高，因此是使用很广泛的一种方法。福克-沃德图解法也是我国海洋地质勘查规范中所指定的惯用的粒度参数计算方法（沈吉等，2006）。基于此，本书采用福克-沃德图解法公式进行粒度参数的计算。各参数的计算公式及沉积物的分选、偏态、峰态分级见表3-6—表3-9（贾建军等，2002）。

表 3-6　福克-沃德图解法公式

参数	计算公式
平均粒径	$M_z = \dfrac{1}{3}(\Phi_{16} + \Phi_{50} + \Phi_{84})$
中值粒径	$M_d = \Phi_{50}$
分选系数（标准偏差）	$\delta_1 = \dfrac{\Phi_{84} - \Phi_{16}}{4} + \dfrac{\Phi_{95} - \Phi_5}{6.6}$
偏态	$SK_1 = \dfrac{1}{2}\left[\dfrac{\Phi_{84} + \Phi_{16} - 2\Phi_{50}}{\Phi_{84} - \Phi_{16}} + \dfrac{\Phi_{95} + \Phi_5 - 2\Phi_{50}}{\Phi_{95} - \Phi_5} \right]$
峰态	$KG = \dfrac{\Phi_{95} - \Phi_5}{2.44(\Phi_{75} - \Phi_{25})}$

注：公式中 Φ_5、Φ_{16}、Φ_{25}、Φ_{50}、Φ_{75}、Φ_{84}、Φ_{95} 分别表示粒度累积曲线上含量为 5%、16%、25%、50%、75%、84%、95%的点对应的 Φ 值粒径

表 3-7　沉积物分选程度分级

分选系数	级别					
δ_1（Φ）	<0.35	0.35—0.50	0.50—1.00	1.00—2.00	2.00—4.00	>4.00
分选程度	分选很好	分选好	分选中等	分选差	分选很差	分选极差

表 3-8　沉积物偏态分级

偏态	级别				
SK_1	−1.00—−0.30	−0.30—−0.10	−0.10—0.10	0.10—0.30	0.30—1.00
对称程度	极负偏	负偏	近对称	正偏	极正偏

注：正态的分布曲线，$SK_1=0$；正偏态曲线 $SK_1>0$，粒度集中在粗端部分；负偏态曲线 $SK_1<0$，粒度集中在细端部分。福克将偏态分为以上 5 个等级

表 3-9　沉积物峰态分级

峰态	级别				
KG	<0.67	0.67—0.90	0.90—1.11	1.11—1.56	1.56—3.00	>3.00
集中程度	很宽平	宽平	中等	尖窄	很尖窄	极尖窄

注：福克将峰态分为 6 个等级

2. 磁化率的指示意义及实验方法

1）指示意义

矿物磁性是环境磁学的理论基础，即任何物质都具有磁性。矿物的磁性特征与其所含的磁性物质的种类、数量、晶体特征等多种因素有关，且磁性变化特征一般可以反映大气圈、水圈等地球各圈层环境变化中各种磁性矿物的主要来源、受力搬运情况、成土和成岩过程及人类活动的影响等（张卫国等，1995）。环境磁学的研究载体包括各种类型的沉积物、土壤、岩石等多个方面，并在水文、气候、土壤、地貌、沉积学等领域得到了非常广泛的应用。尤其是目前环境磁学在重建区域环境演化序列方面取得了较大进展，逐渐成为相对有效的环境代用指标之一（符超峰等，2009）。

在我国，刘东生先生最先利用环境磁学理论对位于陕西省洛川县黑木沟的土壤剖面的磁性特征进行了详细的研究，表明古土壤的平均磁化率较黄土偏大，前者大概是后者的两倍。1977 年安芷生等利用低频磁化率研究了黄土—古土壤序列的磁性特征（安芷生等，1977）。1984 年，Heller 和刘东生再次对陕西洛川土壤剖面的黄土样品进行了研究，结果显示黄土的磁化率值较低，而古土壤的磁化率值则相对较高，也就是说，磁化率值的高与低分别对应土壤粒径的小与大（Heller and Liu，1984）。此外，刘东生还将黄土的磁化率变化特征与海洋沉积物中氧同位素的变化曲线做了对比，结果发现二者的相关性较好，因此黄土的磁化率可以作为夏季风强弱变化的环境代用指标。然而，也有部分研究得出与上述结果完全相反的结论，如 Begét（1990）对阿拉斯加和西伯利亚黄土的磁性特征进行了研究，得出的结论是黄土的磁化率值较高而古土壤的磁化率值较低。因此，对于不同地区、不同种类、不同时间尺度的沉积物，其磁化率的环境指示意义有所差别，我们在应用磁化率指标时应该具体情况具体分析。

在湖泊沉积物的环境磁学研究方面，近年来也有诸多研究成果，并证明湖泊沉积物的磁化率具有明确的环境指示意义，能够作为环境演变研究的代用指标。湖泊沉积物的磁化率变化特征一方面与其含有的磁性物质的种类、数量及其粒度组分密切相关（胡守云等，1998；吴瑞金，1993；俞立中等，1995）；另一方面还与沉积物中磁性物质的来源、湖泊水动力条件的强弱及沉积后的非同生作用有关（杨小强和李华梅，2000；王建等，1996）。

一般来说，在特定的流域内，沉积物磁化率值较高，说明流域内基岩的侵蚀作用较强，原生磁性矿物的输入量较多。吴瑞金（1993）对青海湖和岱海沉积物的磁化率、频率磁化率变化特征的研究结果表明，湖泊沉积物的磁化率、频率磁化率环境指示意义较为明确，可以作为有效的代用指标来揭示区域气候环境的演变。但是由于每个湖泊系统是相对独立和封闭的，因此不同湖泊沉积物的磁性参数背景值不尽相同。此外，此项研究还指出湖泊沉积物磁化率和频率磁化率的意义主要是它们变化的幅度和频率大小、周期长短等所揭示的古气候变化，而不在于它们绝对含量的变化。胡守云等（1998）对呼伦湖湖泊沉积物的环境磁学机制进行了研究和探讨，表明沉积物磁化率的高值与低值相应指示气候的湿润与干旱及湖泊水面的高与低。在气候湿润时期，湖泊水位较高，湖底为相对还原环境，有机质含量较高，此时湖泊中生成较多的亚铁磁性铁硫化物，导致湖泊沉积物的磁化率值较高。杨小强和李华梅（2002）通过对沉积物磁化率与各粒级组分的相关性分析，指出泥河湾盆地沉积物中的细粒物质对应的磁化率值较高，揭示了区域气候相对干燥寒冷或者泥河湾盆地处于抬升状态，反之亦然。舒强等（2005，2006）以苏北盆地钻孔沉积物为研究对象，研究了沉积物的磁化率和粒度组分的变化特征及二者的相关性特征，探讨了其古气候环境意义，结果显示苏北盆地钻孔沉积物的质量磁化率与特定粒度组分之间具有较好的相关关系，且在沉积速率比较高层位，磁化率的变化特征与海洋氧同位素变化曲线基本一致，由此说明沉积物质量磁化率可以作为指示区域气候波动变化的指标，同时也能够指示沉积物的物质来源。

综上所述，湖泊沉积物中所含磁性物质的来源相对较为复杂，且种类繁多。磁性物质的来源主要有两个方面：一是外源，主要包括由大气中的粉尘物质及地表径流携带进入湖泊的陆源碎屑物质，如磁铁矿、赤铁矿等铁磁性矿物，蒙脱石、伊利石等顺铁磁性矿物，以及石英、长石等抗磁性矿物。二是内源。湖泊中磁性矿物的形成是较复杂的，磁细菌的作用、磁性矿物的溶解作用、沉积后的成岩作用、人类活动等都是其非常重要的影响因素（胡守云等，1998）。因此，湖泊沉积物磁的磁性变化特征还受湖泊流域的地形、湖泊的形态及大小、湖区流域的气候条件、地表植被情况等诸多因素的影响。

总之，如果单纯使用环境磁学参数指标来解释古气候环境的演变，难免具有片面性，因此，结合其他指标，如沉积物粒度、地球化学元素、有机质含量等进行相互比较、印证、综合分析，才能保证研究结果的相对可靠性。

2）实验方法

本书磁化率实验使用的仪器为英国 Bartington 公司生产的 MS2 型磁化率测量仪。实验过程如下。

（1）首先，利用玻璃研钵粗略研磨已经自然风干的沉积物样品，使其粒径在 2 mm 以下。

（2）其次，用万分之一电子天平称取经过研磨的沉积物样品 10 g 放入内径为 2 cm、高 1.5 cm、容积约 10 cm^3 的黑色小磁盒中（所用的磁盒为同种塑料制作，其磁化率值很小，约为 -1.0×10^{-8} m^3/kg；由于我们采集的样品的磁化率值一般都远比 -1.0×10^{-8} m^3/kg 大，故实验所用磁盒本身的磁化率对测试样品值的影响微乎其微，可忽略不计），盖上磁盒盖子并拧紧，进行编号待测。

（3）最后，使用 MS2 型磁化率测量仪分别对沉积物样品的低频质量磁化率（0.47 kHz）和高频质量磁化率（4.7 kHz）进行测量，测量的精度设置为 0.1，对各个沉积物样品的高频和低频质量磁化率分别测量 5 次，最后取测量值的算术平均值。

3. 地球化学元素的指示意义及实验方法

1）指示意义

地壳岩石圈中所含的元素可以分为常量元素（也称主量元素）和微量元素（也称痕量元素）。常量元素一般是指岩石矿物中元素含量大于 1%的元素，而微量元素则是指元素含量小于 1%的那些元素。也有的人把元素分为三种类型，即将含量大于 1%的元素称为常量元素；含量在 1%—0.1%的元素称为次要元素；含量小于 0.1%的元素称为微量元素。可以看出，常量与微量元素是相对而言的，究竟如何去分类，主要取决于我们所研究问题的性质（陈道公等，2009）。例如，一般来说，K、Na 在多数情况下被认为是常量元素，但在陨石中它们的含量则相对较小，这就属于微量元素。习惯上，我们通常将地壳中的 O、Si、Al、Fe、Ca、Na、K、Mg、Ti、H（按重量百分比大小依次排列）10 种元素称为常量元素，它们占元素含量总量的 99%以上，其余元素则为微量元素。

源区母岩在风化作用下产生大量的风化产物，它们与火山形成的物质、有机质等在多种外动力的作用下被搬运到其他地方沉积下来，并经历了复杂的沉积后作用，最终形成沉积岩（物）。沉积岩的重量在整个地壳中所占的比例并不高，大约为 4%，但是其在地表分布极为广泛，大约占 50%（蒋敬业，2009）。沉积岩中丰度最高的是 Si、Al、Fe、Ca、Na、K、Mg 七种元素，它们是典型的造岩元素，在自然界中常以硅酸盐、硅铝酸盐、碳酸盐矿物的形式存在。微量元素在沉积岩中含量较低，主要有 Ba、Sr、Mn、Rb、Cr、Ni、Ga 等元素，它们以类质同相的形式或者是被吸附在黏土矿物中而存在于碎屑岩或碳酸盐中。

湖泊沉积物地球化学元素的组成、丰度及存贮状态是由物源区的母岩性质、不同的外动力搬运条件、沉积和沉积后作用过程中发生的化学变化等因素共同决定的。每种元素具有其各自的表生地球化学特征，这就决定了它们在风化作用过程中的迁移能力有很大差别。苏联科学家波列尔曼在波雷诺夫提出的元素迁移理论基础上，提出了母岩的元素或化合物在风化作用过程中具有下列迁移顺序，见表 3-10（Campbell，1998；张虎才，1997）。

表 3-10　风化带中元素迁移序列

元素迁移序列	迁移序列的组成
最易迁移元素	Cl、Br、I、S 等
易迁移元素	Ca、Na、Mg、F、K、Sr、K、Zn 等
迁移元素	Cu、Ni、Co、Mo、V、Mn、SiO_2（硅酸盐）、P 等
惰性（微弱）迁移元素	Fe、Al、Ti、Sc、Y 等
几乎不迁移元素	SiO_2（石英）

从表 3-10 中我们可以看出，Ca、Na、Mg、K、Zn 等元素都是容易发生淋溶迁移的元素，也就是说，一般的水热组合条件就能够使它们被流水淋洗而遗失掉，但是对于其他一些元素，如 Cu、Ni、Co、Mo、V、Mn 等，化学迁移相对较弱，只有在较好的水热组合条件下，风化作用和生物作用较强烈时，才可以被淋溶迁移。一般来说，在气候干旱时，湖区流域降水减少，致使地表径流减弱，搬运能力下降，岩石矿物中的 Al_2O_3、TiO_2、Fe_2O_3、Ni、Cr、V、Zr 等一些氧化物和较稳定的元素就较难被淋洗迁移；而 Ca、Na、Mg、K 等盐类中的易溶元素则可以离子态或胶体的状态随地表水和地下水以化学侵蚀的形式被迁移入湖，当气候干旱，区域蒸发能力增强、湖水减少、湖面收缩时，这些元素就会自生沉淀到湖底，或被黏土等细粒物质吸附并沉淀，反之亦然（师育新，2006）。

　　然而，在利用地球化学元素指标分析古气候、古环境的演变时，只考虑某种或几种元素的浓度变化是不够的，因为这样会忽略各种元素之间的相互作用，进而得到不够准确的环境演化信息。因此，我们常采用元素对的比值变化来分析环境变化过程，如化学蚀变指数（CIA）、成分变异指数（ICV）、硅铝率（SiO_2/Al_2O_3）、CaO/MgO 比值、K_2O/Na_2O 比值、Rb/Sr 比值、Sr/Ba 比值、Fe/Mn 比值、V/Cr 比值、C 值等。

　　（1）化学蚀变指数。

　　Nesbitt 和 Young 在 1982 年在《泥岩的元素地球化学特征与早元古代的气候与板块运动》一文中（Nesbitt and Young，1982），提出了化学蚀变指数 CIA，计算公式表示如下：

$$CIA=Al_2O_3/（Al_2O_3+K_2O+Na_2O+CaO^*）\times100\% \qquad (3-6)$$

式中，CaO^* 指沉积物中硅酸盐矿物的 CaO 含量。CIA 值能够指示物源区化学风化的强度，与长石风化成黏土矿物的程度成正比，其值越大，风化强度越大。

　　（2）成分变异指数。

　　Cox 在 1995 年研究了美国西南部沉积循环与基岩组成对泥岩化学演变的影响，提出了成分变异指数 ICV（赵华等，2001），即

$$ICV=（Fe_2O_3+K_2O+Na_2O+CaO+MgO+MnO+TiO_2）/Al_2O_3 \qquad (3-7)$$

用 ICV 值可以粗略估计矿物的风化程度。

　　（3）硅铝率（SiO_2/Al_2O_3）。

　　Al 的化学性质较 Si 相对稳定，因此 Al 在水中的溶解度很低，只有在强酸（pH<4）或强碱（pH>10）性的水中，Al 的溶解度才会增加。一般来说，硅铝酸盐在一定的风化作用条件下会转化成黏土矿物，黏土矿物在较好的水热条件下会进一步发生红土化作用而分解，这样就造成矿物中的 Si 和 Al 发生分离，Si 随水迁移，Al 则留在原地最终形成铝土矿，那么 Al 相比 Si 就相对富集。所以，湖泊沉积物中的硅铝率（SiO_2/Al_2O_3）与物源区的风化强度成正比例关系，即 SiO_2/Al_2O_3 比值较高，表明物源区的化学风化较强，水热组合条件越好，反之亦然。

　　（4）CaO/MgO 比值。

　　Ca、Mg 为碱土金属，在表生地球环境中属于活性较强的两种元素，二者在沉积物中主要以氧化物的形式存在。在化学风化作用过程中，CaO 与 MgO 的析

出一般来说早于 Fe 和 Al，但晚于 Na 和 K，而且当气候条件为半干旱半湿润时，二者的淋溶迁移相对较容易。但是由于镁离子（Mg^{2+}）的半径小于钙离子（Ca^{2+}），故镁的淋溶迁移能力相比钙较小，那么当 Ca 的富集程度相对较高时，环境则相对更干燥一些。因此，CaO/MgO 比值的大小能够反映气候的相对干湿变化，高比值反映气候相对干旱，低比值则指示气候相对湿润。

（5）K_2O/Na_2O 比值。

K 和 Na 的化学性质非常活泼，是最容易发生迁移的两种化学元素。由于 K 和 Na 的亲水能力存在差异，前者的亲水能力强于后者，所以钠离子（Na^+）在迁移过程中较易被流水淋溶带走，而钾离子（K^+）则易被黏土矿物吸附而保存下来。因此，沉积物中的 K 含量的高与低应该对应于黏土矿物成分的多与少。而沉积物中黏土矿物成分含量的多少反映化学风化作用的强弱，含量较多反映气候相对较湿润，含量较少则指示气候相对干旱。当然，在气候条件较好时，地表植被条件较好，一部分 K 元素首先被植物吸收，然后在植物死亡后 K 元素又回到土壤中，从而使沉积物中 K 元素的含量增加。此外，当水分增加时，K_2O 和 Na_2O 会发生大量的淋失，那么它们在沉积物中的相对含量也就相应降低了，故二者含量的减少可能是水分增加所导致，或者是由于气候较寒冷所引起；含量的增加则是气候温干所致。因此，仅仅利用它们的绝对含量变化来解释气候变化不够准确。而 K_2O/Na_2O 比值在一定程度上能够作为反映古气候变化的有效指标，其高值指示气候相对温暖湿润，反之则指示气候相对干燥凉爽。

（6）Rb/Sr 比值。

Rb 为稀有碱金属元素，化学性质相对较稳定，主要以分散的形式存在于自然界中。Sr 为易迁移元素，与 Rb 相比具有明显不同的表生地球化学行为。陈骏等（1998）等研究了洛川黄土剖面中 800 ka 以来 Rb/Sr 变化特征，结果表明 Rb/Sr 比值可以正确区别出剖面中的黄土层和古土壤层。在一定的水热条件下，Rb 与 Sr 容易分离，使土壤剖面中残留较多的 Rb，故 Rb/Sr 比值越大，说明水热条件越好，化学风化程度越强，夏季风环流强度越大。金章东等（2001）对内蒙古岱海地区的化学风化及气候变化的研究得出，Rb/Sr 比值较高，反映了湖区流域的气候干冷，化学风化较弱；Rb/Sr 比值较低，则反映了湖区气候暖湿，化学风化较强。因此，湖泊沉积物中 Rb/Sr 比值的大小与物源区的化学风化强度成反比。

（7）Sr/Ba 比值。

环境条件对 Sr 和 Ba 在水中的溶解能力有很大的影响。在干旱地区的湖泊水体中，当气候干旱时，湖水体积缩小，水中游离的 SO_4^{2-} 离子浓度相对升高，那么水中的 Ba^{2+} 与 SO_4^{2-} 结合生成 $BaSO_4$ 沉淀的概率大大增加，从而导致湖泊水体中的 Ba^{2+} 浓度有所较低，Sr/Ba 比值则随之升高。因此，高 Sr/Ba 比值指示气候干旱，湖泊萎缩，盐度升高；低 Sr/Ba 比值反映气候湿润，湖泊扩张，盐度降低。

（8）Fe/Mn 比值。

Fe 和 Mn 两种元素均为变价元素，湖泊沉积物中二者的含量及比值变化能够很好地反映湖泊的氧化还原状态。当湖水较深，相对处于还原条件时，Fe 和 Mn 很容易被溶解，而 Mn 在还原条件下的活性要好于 Fe，更易被溶解。因此，当 Fe 的浓度很高，位于峰值时，如果对应的 Fe/Mn 比值较低，则说明当时湖水较深，湖底为还原条件，反之则为氧化条件。

（9）V/Zr 比值。

V 为铁族元素，具有亲石性和亲铁性。在地球表生带中，V 随水迁移的数量并不多，只有在气候相对干燥、化学风化较弱的碱性条件下，它才易被溶解迁移；而在气候相对湿润、化学风化较强的酸性条件下，V 的迁移量很少，加之气候湿润环境时，增加的黏土矿物吸附了部分 V，从而使沉积物中 V 的相对含量较高。Zr 在自然界中的存在形态主要是氧化物和硅酸盐，在锆石中聚集了大部分 Zr。锆石的化学性质是相对稳定的，其在风化作用中较多地残留在沉积物剖面中。因此，V/Zr 比值在作为气候变化的代用指标时，其高值指示气候相对暖湿，而低值则指示气候相对干冷。

（10）C 值。

陈克造等（1990）在对四万年来青藏高原的气候变迁研究中，利用察尔汗盐湖地区沉积物的元素富集特征提出了气候变化指数 C 值，即

$$C = \sum(Fe + Mn + Cr + V + Co + Ni) / \sum(Ca + Mg + Sr + Ba + Na + K) \quad (3-8)$$

式中，气候变化指数 C 值越大，气候越潮湿；C 值越小，气候越干燥。

此外，还有学者利用其他元素对比值对古气候的演变进行了研究，如曹建廷等（2001）利用地球化学元素记录对内蒙古岱海地区小冰期气候演化特征进行了研究，结果显示：较高的 Sr/Ca 比值和 Mg/Ca 比值，代表湖泊水体的盐度较高，

区域有效湿度较低，气候相对干旱；而低 Sr/Ca 比值和 Mg/Ca 比值则指示了湖泊水体盐度较低，区域有效湿度较高，气候相对较为湿润；另外，沉积物中部分元素的富集程度也可以指示区域气候环境的变化；等等（沈吉等，2011）。

总之，地表物质化学风化的强弱受区域气候条件的影响和控制，湖泊系统作为聚集湖区周围易迁移化学元素的理想场所，其沉积物中元素的组合分布及其比值特征较为详细地记录了湖区流域的化学风化条件和环境演变的历史（沈吉等，2011）。因此，通过对湖泊沉积物中特殊化学元素的组合分布规律、相对迁移能力和富集程度的研究，可以很好地判断湖泊沉积物的物质来源以及物源区化学风化作用的强弱等，从而为分析和预测气候环境的演变提供基本依据。但需要注意的是，湖泊沉积物中元素的组合规律、富集特征及它们之间比值的大小在理论上应该表现出与物源区相反的变化特征，如易迁移元素 Ca、Na、Mg、K 等与物源区相比更多地分布在湖泊中；Rb 较 Sr 相对稳定，因此 Rb 相对 Sr 在物源区的含量比在湖泊中要多。

2）实验方法

本实验使用仪器为荷兰产 PW2403 型 X-Ray 荧光光谱仪。该仪器主要用于地质、环境、钢铁和水泥粉末样和熔融样元素含量分析，可同时测定 20 多种元素。PW2403 型 X-Ray 荧光光谱仪的优点是灵敏度和精确度较高，测定常量元素的 RSD[①]≤2%，大部分微量元素的 RE[②]≤10%。该仪器适用于原子序数从 5（B）到 92（U）的各元素的测定。目前，实验能准确测定土壤、沉积物、降尘中常量元素，如 K（K_2O）、Na（Na_2O）、Ca（CaO）、Mg（MgO）、Al（Al_2O_3）、Fe（Fe_2O_3）、Si（SiO_2），以及微量元素，如 As、Ba、Bi、Br、Ce、Cl、Co、Cr、Cu、Ga、Hf、La、Mn、Nb、Ni、P、Pb、Rb、S、Sc、Sr、Th、Ti、U、V、Y、Zn、Zr 等的含量。

沉积物样品的前处理及测试过程如下。

（1）取适量经过自然风干的沉积物样品，在电动振磨机上研磨至 200 目。

（2）用天平称取经过研磨的沉积物样品 4 g，加入 DDY-60 型压样机的自分器内，将样品粉末铺平，在样品的表面及周围添加适量硼酸，然后加压锤，压

---

① RSD：relative standard deviation，即相对标准偏差。

② RE：relative error，即相对误差。

住压锤将自分器轻轻提起，并连同压锤一起提出，将表面的硼酸铺平整，启动机器进行压片。

（3）取出压好的样片，用吸耳球将压片的上下表面吹干净，编号后保存在干燥器中待测。

（4）将干燥器中压好的样片按照编号顺序小心放入经酒精擦干净的不锈钢样杯内，在电脑主机上对各个样品进行编号，然后利用 X-Ray 荧光光谱仪进行元素含量的测定。

4. 有机质的指示意义及实验方法

1）指示意义

湖泊沉积物的有机质是评价湖泊初始生产力、重建湖区古气候环境演变的重要依据（杨勋城等，2007；刘子亭等，2006）。生物体死亡以后，其残体在微生物的分解作用下经过缩合、脱水等一系列复杂的化学过程，最终导致沉积物中的碳元素逐渐累积增加，而氢、氧等元素的含量则逐渐降低，所以可以用沉积物中总有机碳（TOC）的含量代表有机质的含量，作为沉积物有机质丰度的基本参数。

湖泊沉积物中的有机质含量的多少与湖泊的生产力条件和保存有机质的环境条件密切相关。湖泊沉积物中的有机质主要有两方面的来源：一是湖泊中的生物在各种化学过程中所生产的有机质；二是湖区周围地表径流携带入湖的陆源碎屑物质中所含的部分有机质。湖区周围的水热组合条件及由地表径流携带入湖的矿物质营养在一定程度上影响和控制着湖泊中生物的生产力条件；入湖碎屑物质输入的多少与湖泊流域范围内的生产力条件和地表径流的携带能力有关。有机质在形成后能否保存下来，与其所处的环境条件密切相关，湖泊中溶解氧含量的高低、湖泊水体温度的高低、湖水的化学性质及微生物的作用等都是影响有机质保存的重要因素。总之，无论是有机质的生产条件还是其保存能力，最终决定因素都是湖区的气候条件（杨勋城等，2007）。当气候温暖而湿润时，一方面，湖区周围的陆生高等植物生长繁盛且生长周期也较长，同时降水量的增加使入湖径流量增加，湖泊水面扩张，水位上升，这就使湖泊中的水生植物大量生长繁殖；另一方面，较强的入湖径流携带大量的陆源碎屑物质进入湖泊，导致湖泊生产力大大提高，有利于有机质的生产和积累。此外，在湿润气候期，由于湖泊水量较多，水位上升，这时湖泊底部相对为还原环境，有利于有机质的保存；反之，当湖区气候寒冷而干燥时，湖泊生产力显著降低，沉积物中的有机质含量减少，此时湖底相对为氧化环境，不利于有机质的保存。

对于地处干旱半干旱区的封闭湖泊而言，环境变化的主要控制性因素是降水变化。降水量的增加既能提高湖区周围地表的植被覆盖度及流域的生物生产力，又对陆源碎屑物质的输送入湖起了关键性的作用，同时降水的增加也能使湖泊水体加深，有利于湖泊中有机质的保存（Pedersen，1983；孙千里等，2006）。薛滨等（1994）以呼伦湖湖区剖面为研究对象，对沉积物中的总有机碳含量和稳定碳同位素进行了研究，探讨了它们的古环境意义，结果认为，就干旱半干旱地区的封闭湖泊而言，当气候湿润时，湖泊中的有机质含量较高。黄麒（1990）对柴达木盆地察尔汗湖区的气候研究表明，温湿气候对应有机碳的高值，而干冷气候对应有机碳的低值。张佳华（1998）通过对北京地区过去气候与环境特征的响应研究得出：湿润条件是有机质大量积累的最关键的条件，而高温和寒冷条件对有机质的保存则更为有利。

综上所述，湖泊沉积物中有机质的含量能够反映湖泊及其流域的初始生产能力，虽然其含量受到如物质来源（内源、外源）、沉积后分解、地温等诸多因素的影响，但其依然是反映古气候环境演变的重要指标之一。我们在利用有机质指标分析湖区的古气候波动时，要结合其他环境代用指标进行综合分析判断，确保研究结论的可靠性。

2）实验方法

有部分学者对湖泊沉积物的烧失量和有机质含量进行了研究，结果表明二者之间具有很好的线性相关关系，烧失量可以粗略代表沉积物中有机碳的含量。沉积物中总有机碳含量（TOC）与烧失量（Loss on Ignition，LOI）之间的相关性可以用以下线性方程表示：TOC=0.48LOI-0.73。但是，二者的量的换算一般需满足以下条件，即只有当沉积物的烧失量在10%以上时，才能用上述线性方程粗略换算，而当测得的烧失量较小时，这一计算方法并不准确（Hakanson and Jansson，1992）。Santisteban等（2004）的研究表明，烧失量与有机质和碳酸盐含量间存在很好的相关性。Beaudoin（2003）在测定有机质时使用了两种方法，一种是化学方法，即用重铬酸钾方法直接测定有机质；另一种是物理方法，即烧失量法。将两种方法测定的结果比较后，发现烧失量与有机质含量之间确实存在紧密相关性，因此认为烧失量方法是一种可靠的测定沉积物有机质含量的研究方法。此外，烧失量法较其他方法操作更加简便、费用更低廉。基于以上考虑，本书湖泊沉积物中的有机质含量用烧失量代替。烧失量是指在一定的温度条件下，沉积物样品损失的部分占样品总质量的百分比，可用以下公式表示（Dean，1974）：

$$\text{LOI} = \frac{M_{105} - M_{550}}{M_{105} - M_0} \times 100\% \tag{3-9}$$

式中，LOI 为烧失量；M_0 为瓷舟净重；M_{105} 为 105℃烘干样品与瓷舟的总重量；M_{550} 为样品与瓷舟在 550℃下燃烧后的重量。

烧失量实验使用的仪器为西安产 202-2A 型电热恒温鼓风干燥箱和安徽产 SX-8-14 型节能箱式电阻炉（马佛炉）。实验步骤如下。

（1）将自然风干后的沉积物样品进行研磨并过 1 mm 筛孔。按照四分法取样，将样品放入经清洗后干净的铝盒中，将铝盒放入 202-2A 型电热恒温鼓风干燥箱，调节温度为 105 ℃，烘 24 h。

（2）取出烘干的沉积物样品（注意取样时应及时盖紧铝盒盖子，防止样品吸收空气中的水蒸气）。使用万分之一电子天平准确称取烘过的样品 1—2 g，将其置于已经过称重且在马佛炉中烘烤（1000℃）1 h 后干净的瓷舟中，再用万分之一电子天平称重并记录；然后将装有样品的瓷舟放入 550℃马佛炉中燃烧 2 h。

（3）取出燃烧后的样品放入干燥器中进行冷却，然后用万分之一的电子天平称重记录。

（4）利用上文提供的公式计算每个沉积物样品的烧失量。

5. 碳酸盐的指示意义及实验方法

1）指示意义

沉积岩在整个地球表面的分布面积约为 50%，而在我国，这个数值可以达到 75%，且碳酸盐占沉积岩覆盖面积的 55%。碳酸盐可以分为正盐（M_2CO_3）和酸式盐（$MHCO_3$）（M 为金属）两大类，自然界中存在的碳酸盐矿物主要包括方解石、文石、白云石、菱镁矿、菱锰矿等。目前，在黄土、海洋沉积物和湖泊沉积物研究中，碳酸盐含量是常用的古环境信息载体。湖泊中的碳酸盐和可溶性盐是沉积物的主要组成部分，其含量变化对于湖泊尤其是干旱半干旱地区的封闭性湖泊而言，可以敏感地揭示湖泊水体环境的变化过程。湖相碳酸盐的测定及分析目前已成为重建区域气候环境演变的主要技术手段之一（申慧彦等，2008）。

利用湖泊沉积物中的碳酸盐指标进行气候环境的演化研究时，同有机质一样，我们首先要了解湖泊沉积物中碳酸盐的主要来源。一般来说，大多数湖泊沉积物中的碳酸盐主要有两种来源：①碎屑碳酸盐。该类碳酸盐来源于湖区流域内母岩为碳酸盐的岩石，这种岩石在经受风化作用后，产生的碳酸盐碎屑物质在地表径流的作用下被搬运到湖泊中。②自生碳酸盐。该种碳酸盐包括两种，一种是生物碳酸盐，由湖泊水体中各种生物的钙质壳体构成；另一种是自生碳酸盐，是湖泊水体在各种物理和化学作用下形成的。生物碳酸盐包括以方解石为主要成分的介形类和以文石为主要成分的腹足类及双壳类等物质；自生碳酸盐的主要成分则是方解石、白云石和文石为（陈敬安等，2002）。湖泊中碳酸盐的沉淀过程可用以下化学方程式表示（以 $CaCO_3$ 为例）：

$$Ca^{2+} + 2HCO_3^- \xrightarrow{T} CaCO_3 \downarrow + CO_2 \uparrow + H_2O \qquad (3\text{-}10)$$

式中，T 为发生化学反应所需的温度。从上述反应式中可以看出，这个方程是一个动态反应过程。在一定湖水温度下，当湖泊水体达到过饱和时，反应向右进行，碳酸盐发生沉淀；而当水体处于不饱和状态时，反应则向左进行，碳酸盐发生水解。

据陈敬安（2000）对湖泊现代沉积物高分辨率环境记录的研究，湖泊中碳酸盐发生沉淀与生物、物理、化学等多种因素有关。生物因素方面，在气候较好、湖泊生产力条件较高时，湖泊中的生物（主要是藻类）在光合作用过程中吸收大量的 CO_2，使湖水 pH 升高，H^+ 浓度减小，离子活度积（Ionic activity product，IAP）增大，这时湖泊水体环境达到过饱和，碳酸盐发生沉淀。物理、化学因素方面，主要包括温度变化、水体蒸发浓缩、CO_2 的溶解与释放等方面。其中，温度在湖泊自生碳酸盐沉淀过程中起着非常重要的作用：①温度升高时，碳酸钙的溶解度和溶解平衡常数减小，加之高水温使得 CO_2 在水中的溶解度减小并以气体形式逸出，湖水容易达到过饱和状态，有利于碳酸钙的沉淀。②在温度较暖的年份，湖泊水体中热分层出现的较早而且能够持续较长时间，这就更有利于湖泊生物在长时间内吸收更多的 CO_2，湖水易达到饱和条件使碳酸钙沉淀发生沉淀；此外，在温暖年份，湖泊中的浮游生物大量繁殖，很容易使湖泊水体达到过饱和状态，同时丰富的浮游生物为碳酸钙的加速沉淀提供了大量的结晶核。③温度升高时，湖水的蒸发量增加，水体中的 Ca^{2+}、HCO_3^- 等离子的浓度相应增大，也有利于碳酸钙沉淀（Hodell et al.，1998；Kelts and Hsu，1978；曹建廷等，1999）。

在气候湿润地区，大多数湖泊为外流湖，湖水的补给主要来源于大气降水，其次是少量的地下水或泉水补给。但是由于气候湿润区的降水量几乎等于蒸发量，所以入湖水量要多于支出水量，湖泊水量不断积累最终外泄，在这种情况下，湖泊水体就不容易达到过饱和状态，不利于碳酸钙的大量沉淀；相反，在干旱半干旱区，由于降水稀少，湖区流域蒸发量大于降水量，湖泊浓缩，湖水很容易达到过饱和状态，非常有利于碳酸盐的沉淀。曹建廷等（1999）通过对内蒙古岱海地区岩芯碳酸盐含量变化与气候环境演化的研究得出：一般来说，淡水湖泊沉积物中碳酸盐含量的高低能够揭示区域降水量和蒸发量之间的关系，碳酸盐含量高，说明蒸发量大于降水量，区域气候相对偏干；含量低则说明蒸发量小于降水量，气候相对偏湿。此外，沉积物岩性对湖泊中碳酸盐的含量有一定影响，如果湖泊中存在大量的砂质沉积物，那么就不利于碳酸盐矿物的保存；粗粒物质相比细颗粒黏土物质，其自生比重较大，水动力条件相对较强，碳酸盐不容易沉淀，造成沉积物中碳酸盐含量相对较低（Hilgers et al., 2001）。因此，干旱半干旱气候区湖泊沉积物中碳酸盐含量的变化可间接反映气候的干湿变化。

然而，也有部分研究者得出的研究结论与上面的结论正好相反，他们认为，对于干旱区的盐湖而言，湖泊中碳酸盐的沉积过程已被盐湖中其他盐类物质的沉积所取代，其沉积物中碳酸盐含量的增加不再指示干旱气候，而指示了湿润气候。例如，陈敬安等（2002）在《湖泊现代沉积物碳环境记录研究》一文中指出，温度的变化可能是影响和控制湖泊中碳酸盐沉积的关键因素。当温度升高所导致的水体生物生产量对碳酸盐的沉积起主导作用时，碳酸盐含量的变化与总有机碳的变化同步，此时，碳酸盐含量的高值对应湿润气候；当温度的升高所导致的物理化学过程起主导作用时，碳酸盐含量的变化可能与总有机碳的含量反相关，此时，碳酸盐含量的高值则对应干旱气候。

苏贝淖湖区周围的毛乌素沙地主要是由白垩纪的紫红色砂岩、侏罗纪的灰绿色砂岩及古黄河的沉积物经过风的作用堆积而成（翟新伟，2008）。但据研究，毛乌素沙地的碳酸盐含量很低，小于1%（翟新伟，2008），加之湖区地表径流不发育，随水携带的陆源碎屑物质较少，那么来源于陆源碎屑物质中的碳酸盐含量就很少。因此，苏贝淖湖区剖面沉积物中的碳酸盐主要为自生碳酸盐。总之，在利用沉积物碳酸盐指标来分析区域环境变化时，应具体情况具体分析，结合其他环境代用指标进行综合分析，才能得到较为可靠的研究结论。

2）实验方法

碳酸盐的测定使用的仪器为荷兰产 08.53 型碳酸盐测定仪。实验过程如下。

在进行样品碳酸盐（$CaCO_3$）含量测定之前，先测定 2 个空白样以获得零点参比值。样品的测定应在室内温度变化不超过 4℃的情况下进行，确保测量误差的最小化。

（1）用万分之一电子天平分别准确称取 0.2 g 和 0.4 g 碳酸钙分析纯，放入 2 个事先用蒸馏水清洗干净的锥形瓶中，然后各加入 20 mL 蒸馏水，用镊子将装有 7 mL（4mol/L）盐酸的小试管小心放入锥形瓶中。将碳酸盐测定仪的初始刻度分别调整为 20 mL 和 80 mL，把 2 个锥形瓶放到碳酸盐测定仪的平台上，用橡皮塞盖紧并用水密封瓶口。轻微晃动锥形瓶，使小试管中的盐酸全部流入锥形瓶中参与反应，待反应完全后记录此时的刻度。重复此步骤 3 次，最后取其平均值。

（2）取一部分在 105 ℃下烘干的沉积物样品（约 2.5 g）放在表面皿中，加入 1 mL 盐酸。根据气泡的持续时间估计样品中碳酸盐的含量以及测定所需要的样品的重量（表 3-11）。本次试验称取的样品量范围为 2.5—5.5 g。

表 3-11　待测样品重量的确定

气泡的量	碳酸盐含量/（g/kg）	分析样品的重量/g
没有或很少	<20	10
明显但时间不长	20—100	5
强烈且时间长	100—200	2.5
非常强烈，持续时间长	>200	≤1

（3）称取 2.5—5.5 g 烘干后的样品放于锥形瓶中，先加入 20 mL 蒸馏水，再加入装有 7 mL 4 mol/L 盐酸的小试管，盖紧瓶塞，并用水密封。调整仪器测量管初始刻度为 0，倾斜锥形瓶，使盐酸全部流入锥形瓶进行反应，反复晃动瓶体使其充分反应，直到不冒气泡为止，记录仪器所指刻度（反应过程中，随测量管中气柱的下降速度手动调节缓冲罐，使二者的液面差不超过 3mL）。

（4）利用以下公式计算每个样品的碳酸钙百分含量：

$$G = \frac{M_2(V_1 - V_3)}{M_1(V_2 - V_3)} \times 100\% \qquad (3\text{-}11)$$

式中，G 为 $CaCO_3$ 的百分含量（%）；M_1 为样品重量（g）；M_2 为 $CaCO_3$ 分析纯的平均重量（g）；V_1 为样品产生的 CO_2 体积的平均值（mL）；V_2 为 $CaCO_3$ 分析纯产生的 CO_2 体积的平均值（mL）；V_3 为空白体积变化平均值（mL）。

第4章　环境代用指标实验结果及分析

4.1　沉积物粒度变化特征

4.1.1　粒度组成

对 SBN-1、SBN-2 两个剖面的沉积物粒度组成进行实验分析，共分析样品 265 个，其中 SBN-1 剖面样品 110 个、SBN-2 剖面样品 155 个。两个剖面粒度组成变化特征具体描述如下。

1. SBN-1 剖面

表 4-1 为 SBN-1 剖面各粒级组分平均含量实验结果。通过对 SBN-1 剖面沉积物的粒度分析可知（表 4-1，图 4-1 和图 4-2），整个剖面砂粒（>63 μm）的含量最高，变化范围为 74.52%—98.37%，平均含量为 90.08%，其中极细砂、细砂、中砂、粗砂、极粗砂的平均含量分别为 4.09%、22.88%、43.26%、16.71%、3.14%；粉砂（4—63 μm）含量的变化范围为 1.61%—24.26%，平均含量为 9.10%，其中极细粉砂、细粉砂、中粉砂、粗粉砂的平均含量分别为 1.56%、2.41%、3.07%、2.06%；黏粒（<4 μm）含量的变化范围为 0—2.89%，平均含量为 0.82%。因此，SBN-1 剖面沉积物以中砂、细砂和粗砂为主，三者总含量为 82.85%。

表 4-1 SBN-1 剖面各粒级组分平均含量

层位	深度/cm	砂含量/%	粉砂含量/%	黏土含量/%
1	0—18	87.36	11.37	1.27
2	18—26	82.72	15.81	1.47
3	26—42	92.41	6.85	0.75
4	42—50	84.63	13.07	2.30
5	50—70	87.03	10.37	2.60
6	70—90	86.88	10.38	2.74
7	90—105	91.48	7.08	1.44
8	105—118	94.24	4.72	1.04
9	118—162	96.46	3.33	0.21
10	162—169	87.93	10.98	1.09
11	169—220	90.28	9.42	0.30

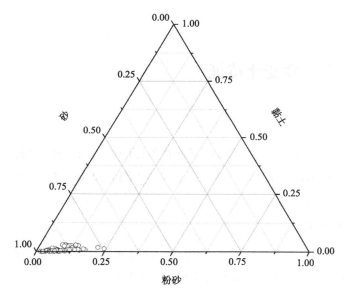

图 4-1 SBN-1 剖面沉积物粒级组分

从图 4-2 可以看出，砂粒含量所占组分最大，其次是粉砂含量，然后是黏土含量。砂粒含量在整个 SBN-1 剖面中基本都超过了 82%，自下而上经历多次波动，但变化幅度并不大；粉砂含量基本上在 25% 以下，自下而上表现出先减后增再减再增的趋势，主要集中在剖面的上部（40—85 cm）和下部（165—220 cm）；黏土含量很少，基本上在 0.8% 左右，且主要集中在剖面的上部（40—105 cm）。

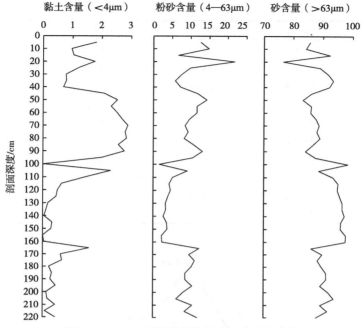

图 4-2　SBN-1 剖面沉积物粒度组分垂向变化

2. SBN-2 剖面

表 4-2 为 SBN-2 剖面各粒级组分平均含量实验结果。对 SBN-2 剖面沉积物的粒度分析可知（图 4-3 和图 4-4），整个剖面砂粒（>63 μm）是沉积物中含量最高的组分，变化范围为 43.89%—94.88%，平均含量为 78.89%，其中极细砂、细砂、中砂、粗砂、极粗砂的平均含量分别为 4.04%、23.37%、35.39%、15.27%、0.82%；粉砂（4—63 μm）含量的变化范围为 4.88%—52.92%，平均含量为 20.15%，其中极细粉砂、细粉砂、中粉砂、粗粉砂的平均含量分别为 3.68%、6.98%、6.20%、3.29 %；黏粒（<4 μm）含量的变化范围为 0.25%—3.19%，平均含量为 0.96%。

表 4-2　SBN-2 剖面各粒级组分平均含量

层位	深度/cm	砂含量/%	粉砂含量/%	黏土含量/%
1	0—12	88.92	10.18	0.90
2	12—26	81.13	17.88	1.00
3	26—38	88.19	10.89	0.92
4	38—42	80.55	18.30	1.15
5	42—69	89.01	10.31	0.68

续表

层位	深度/cm	砂含量/%	粉砂含量/%	黏土含量/%
6	69—85	83.22	16.14	0.64
7	85—120	88.39	10.89	0.72
8	120—128	88.04	11.26	0.70
9	128—154	88.83	10.26	0.91
10	154—163	85.09	12.94	1.97
11	163—172	93.22	5.97	0.81
12	172—225	79.31	20.17	0.52
13	225—255	67.65	31.69	0.66
14	255—263	89.51	9.32	1.17
15	263—310	59.12	39.07	1.81

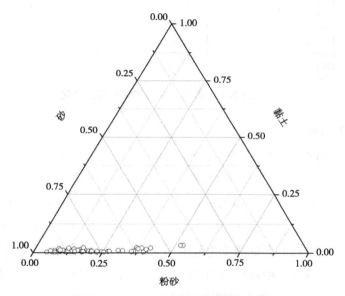

图 4-3　SBN-2 剖面沉积物粒级组分

因此，SBN-2 剖面沉积物以中砂、细砂和粗砂为主，三者总含量为 74.03%。
此外，粉砂粒级中的细粉砂和中粉砂含量也相对较高，分别达到 6.98% 和 6.20%。
从图 4-4 可知，砂粒含量在整个 SBN-2 剖面中基本都超过了 60%，自下而上经
历了先剧烈增加后平稳波动变化的趋势；粉砂含量基本上在 25% 以下，自下而
上表现出剧烈减少后平稳波动的趋势，主要集中在剖面的中下部和下部（170—
265 cm、275—310 cm）；黏土含量很少，基本上在 0.9% 左右，且主要集中在剖

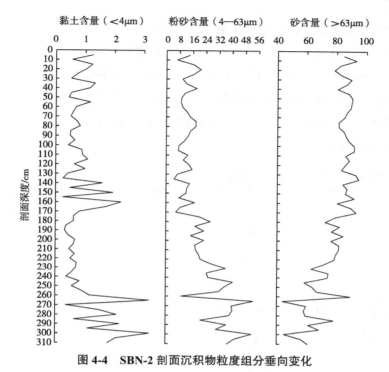

图 4-4 　SBN-2 剖面沉积物粒度组分垂向变化

面的中部（155—165 cm）和下部（260—310 cm）。

4.1.2 　粒度参数特征

对 SBN-1、SBN-2 两个剖面沉积物粒度进行实验分析，共分析样品 265 个，其中 SBN-1 剖面样品 110 个、SBN-2 剖面样品 155 个。本书选取平均粒径、黏土（粒径<4 μm）和砂（粒径>63 μm）的颗粒百分含量变化曲线、中值粒径、标准差、偏态、峰态等参数进行分析。两个剖面的粒度变化比较明显，具体描述如下。

1. SBN-1 剖面

图 4-5 为 SBN-1 剖面沉积物粒度的参数变化特征。由计算结果和图 4-5 可知，SBN-1 剖面沉积物的平均粒径 M_z 的变化范围在 43.96—418.74 μm（4.51—1.26Φ），平均值为 254.78 μm（2.02Φ）；中值粒径 M_d 的变化范围为 154.65—441.83 μm（4.03—1.18Φ），平均值为 286.31 μm（1.85Φ）；标准偏差 δ_1 的变化范围在 0.76—1.95，平均值为 1.23，属于分选中等、分选差的类型，分别占 25.68%、74.32%；沉积物粒度偏态 SK_1 的变化范围在 0.02—0.60，平均值为 0.33，分布的

对称程度属于近对称、正偏和极正偏 3 种类型，其中以极正偏的样品为最多，占 66.21%；峰态 KG 的变化在 0.97—2.10，平均值为 1.48，属于中等、尖窄、很尖窄三种类型，所占比例分别为 14.86%、51.35%、33.79%。黏土颗粒百分含量自下而上波动变化比较大，尤其是在 180—0 cm 段，先后出现最低值 0（155 cm）和最高值 2.89%（70 cm），平均含量为 0.81%；砂颗粒百分含量自下而上波动也较大，平均含量为 90.08%。

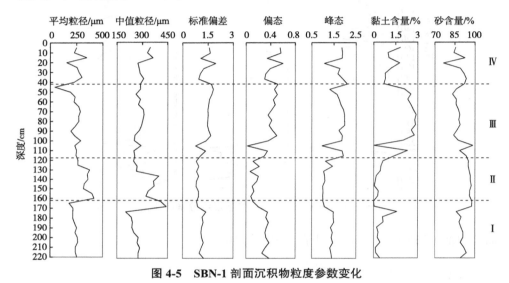

图 4-5　SBN-1 剖面沉积物粒度参数变化

对 SBN-1 剖面沉积物粒度参数指标的变化特征进行综合分析，可将沉积物粒度具体划分为四个沉积段（图 4-5）。

Ⅰ 沉积段（220—162 cm）：该阶段为全剖面粒度指标变化最为平稳的阶段。黏土含量较少，平均值为 0.69%，砂含量也较少，平均为 89.11%；平均粒径 M_z 较小，均值为 231.93 μm，中值粒径 M_d 也较小，均值为 255.09 μm；分选系数 0.98—1.42，为分选中等和分选差类型；偏态为正偏和极正偏；峰态为尖窄。

Ⅱ 沉积段（162—118 cm）：黏土含量为全剖面最少的阶段，平均含量仅为 0.21%，而砂含量则为全剖面最高的阶段，平均含量达到 96.46%；平均粒径 M_z 和中值粒径 M_d 突然增大，为整个剖面的最大值阶段，最大值分别达到 418.74 μm 和 441.83 μm，平均值分别为 337.45μm 和 352.54μm；分选系数 0.79—0.95，分选中等；偏态 0.07—0.21，为近对称和正偏；峰态 0.99—1.44，为中等和尖窄。

Ⅲ沉积段（118—42 cm）：平均粒径 M_z 和中值粒径 M_d 突然减小，二者的平均值分别减小到 249.85 μm 和 277.62 μm；黏土含量迅速增加，平均含量是整个剖面最高的阶段，由上一阶段的 0.21%增加到 2.02%，砂含量较上一阶段有所减少，平均含量为 88.85%，但仍高于全剖面的平均值 78.89%；分选系数 0.76—1.66，分选中等、分选差；偏态 0.02—0.49，粒度分布为近对称、正偏、极正偏；峰态 0.97—1.98，属中等、尖窄、很尖窄。

Ⅳ沉积段（42—0cm）：平均粒径 M_z 继续减小，但变化幅度较大，在 43.96—346.39 μm 波动，平均值为 226.95 μm，中值粒径 M_d 在 285.67—361.30 μm；分选系数 0.94—2.81，属于分选中等、分选差、分选很差三种类型；偏态在 0.45 左右波动，基本为极正偏类型；峰态 1.06—2.10，为尖窄和很尖窄两种类型；黏土级颗粒平均含量为 1.16%，比上阶段有所减小，但就整个剖面来说为第二高值段，这可能与区域人类活动所造成的土壤细颗粒侵蚀或表层弱的成土作用有关；砂粒级颗粒平均含量较上阶段也减小，均值 87.49%，但高于全剖面平均值 78.89%。

2. SBN-2 剖面

图 4-6 为 SBN-2 剖面沉积物粒度的参数变化特征。由计算结果和图 4-6 可知，SBN-2 剖面沉积物的平均粒径 M_z 的变化范围在 62.85—346.96 μm（3.99—1.53Φ），平均值为 204.44 μm（2.40Φ）；中值粒径 M_d 的变化范围为 47.92—363.38 μm（4.38—1.46Φ），平均值为 254.02 μm（2.07Φ）；标准偏差 δ_1 的变化范围在 0.56—2.12，平均值为 1.53，属于分选中等、分选差、分选很差的类型，分别占 6.45%、85.48%、8.07%；沉积物粒度偏态 SK_1 的变化范围在 -0.15—0.63，平均值为 0.40，沉积物分布的对称程度类型较多，有负偏、近对称、正偏和极正偏四种类型，其中以极正偏的样品为最多，占 80.65%；峰态 KG 的变化在 0.68—2.21，平均值为 1.44，属于宽平、中等、尖窄、很尖窄四种类型，所占比例分别为 29.03%、4.84%、11.29%、54.84%。黏土颗粒百分含量自下而上波动变化比较大，尤其是在 310—250 cm 和 175—135 cm 两个阶段波动较剧烈，整个剖面黏土颗粒百分含量的最大值为 3.19%（265 cm、300 cm），最小值为 0.25%（155 cm），平均值为 0.94%；砂颗粒百分含量自下而上为波动上升的趋势，在 310—255 cm 段表现最剧烈，平均含量为 78.97%。

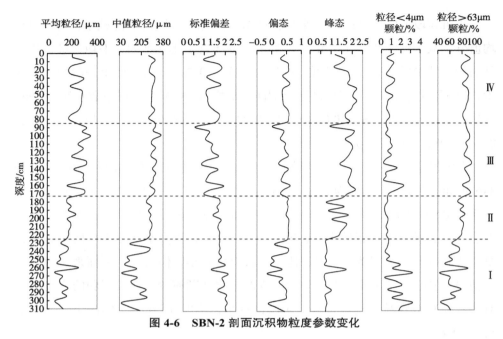

图 4-6　SBN-2 剖面沉积物粒度参数变化

依据 SBN-2 剖面沉积物粒度参数指标的变化特征将粒度具体划分为四个沉积段（图 4-6）。

Ⅰ沉积段（310—225cm）：平均粒径 M_z 在 62.85—250.08 μm 波动，变化的幅度较大，从粉砂粒级到粗砂粒级，平均值为 124.56 μm；中值粒径 M_d 在 47.92—273.01 μm；分选系数 1.33—2.12，属于分选差、分选很差的类型；偏态在 -0.15—0.55，为负偏、近对称、正偏和极正偏类型；峰态 0.68—1.72，为中等、尖窄和很尖窄类型；黏土含量是全剖面最高的阶段，平均含量为 1.21%；砂的平均含量为 72.09%，是整个剖面砂含量最低的阶段。

Ⅱ沉积段（225—172 cm）：平均粒径 M_z 和中值粒径 M_d 与上一层位相比，明显增大，二者的平均值分别为 178.91 μm 和 273.73 μm；分选系数 1.41—1.80，为分选差和分选很差的类型；偏态 0.48—0.58，极正偏；峰态 0.76—1.81，为宽平、中等、尖窄和很尖窄类型；黏土含量显著减少，平均为 0.52%；砂含量有所增加，平均为 79.31%。

Ⅲ沉积段（172—85cm）：该阶段黏土含量有所增加且起伏变化较大，最低为 0.25%，最高为 2.23%，平均值为 1.01%；砂含量继续增加，平均含量达到 88.71%；平均粒径 M_z 增加，均值为 271.30 μm；中值粒径 M_d 也增加，均值为

307.00 μm；分选系数 0.56—1.92，为分选中等和分选差类型；偏态为近对称、正偏和极正偏；峰态为中等、尖窄、很尖窄。

Ⅳ沉积段（85—0 cm）：黏土平均含量与上阶段相比变化不大，略有降低，平均值为 0.88%；而砂含量稍有降低，平均含量为 85.17%；平均粒径 M_z 和中值粒径 M_d 都有所减小，平均值分别为 235.07 μm 和 290.23 μm；分选系数 0.96—1.84，分选中等、分选差；偏态 0.29—0.61，为正偏和极正偏；峰态 1.14—2.21，为尖窄和很尖窄。

4.1.3 粒度频率曲线特征

沉积物的平均粒径（或者中值粒径）、分选系数等主要受物源控制，沉积环境对沉积物粒度性质的改造表现在某些原有组分的丢失或者新组分的增加方面，这主要反映在沉积物粒度频率曲线尾部的变化上（翟新伟，2008；徐馨和沈至达，1990）。苏贝淖湖区剖面沉积物主要来源于湖区周边的风成沉积物，由流水携带入湖的河流相粗颗粒物质和由湖泊自身的生物化学作用生成的细颗粒物质相对较少。在不同的气候环境条件下，沉积环境有所不同，在风沙活动、流水作用、湖泊水位高低变化的共同作用下，沉积物组分就会发生变化，这些变化在粒度变化曲线和频率变化曲线上会有所体现。因此，通过分析沉积物粒度频率曲线的峰形变化特征，可以反映出研究区沉积作用形式的变化。

1. SBN-1 剖面

图 4-7 为 SBN-1 剖面沉积物各阶段的粒度频率及累积频率曲线变化图，从中可以看出，频率曲线变化主要有两种变化：一种是双峰态，主峰偏向于粗端，峰值位于 250—450 μm；次峰位于 20—60 μm。例如，Ⅲ沉积段（118—42 cm）中的 1—45（90 cm）曲线、Ⅳ沉积段（42—0 cm）中的 1—10（20 cm）曲线等都属于双峰态类型。另一种是单峰态，峰偏于粗端，峰值基本位于 200—400 μm。例如，Ⅰ沉积段（220—162 cm）中的 1—95（190 cm）曲线、Ⅱ沉积段（162—118 cm）中的 1—65（130 cm）曲线、Ⅲ沉积段（118—42 cm）中的 1—50（100 cm）曲线等均为单峰态类型。

粒度频率曲线为双峰态，说明沉积环境相对复杂，沉积介质多元化，是湖泊沉积、风沙沉积及流水沉积等多种作用的综合体现。干旱半干旱区的封闭湖泊，其搬运介质除了由降水而产生的地表径流外，风力是很重要搬运动力。搬运动力不同，必然会对沉积物粒度的峰态和偏态等产生重要影响。孙千里等（2001）对岱海的沉

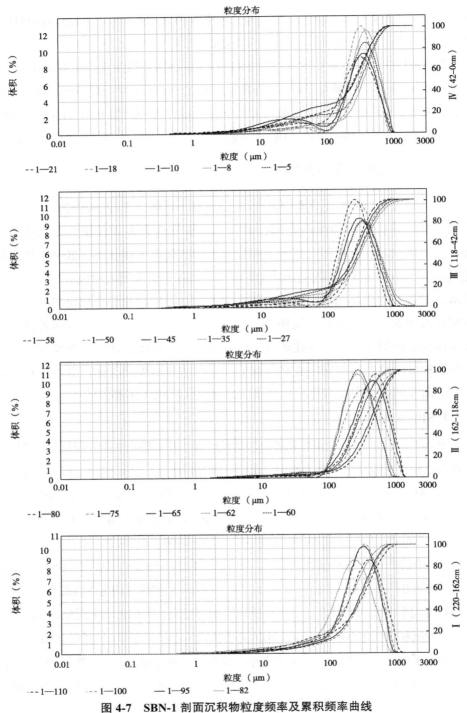

图 4-7 SBN-1 剖面沉积物粒度频率及累积频率曲线

积物粒度研究中，指出沉积物粒度分布的双峰形态是风力作用和流水作用共同影响而形成的，粗粒峰（>100 μm）反映了外源风成物质的输入。此外，在发生尘暴事件时，其沉积物粒度频率曲线也呈现双峰态，粗粒峰反映了物源区较近，而细粒峰则为风力远程搬运（PYEK，1991）。从图 4-7 中四个阶段的粒度频率曲线可以看出，无论是双峰态还是单峰态曲线，粒度组成非常集中，砂粒级颗粒含量占绝对比重，绝大多数情况其含量均在 80% 以上；而粉砂和黏土的含量很低，黏土的含量一般在 0—3%，粉砂含量在 15% 左右。这种沉积物粒度分布组成表现出与现代沙丘粒度组成极为相似的特点。苏贝淖湖区位于毛乌素沙漠地区，风沙活动强烈，因此，强风力作用下，有利于流沙沉积，形成沉积物粒度频率曲线中的粗粒峰；而当风力减弱时，则出现更多的风尘沉积，形成粒度频率曲线中的细粒峰。然而，在气候湿润、降水增加时，也会产生细粒沉积物，导致粒度频率曲线中细粒峰的出现。

2. SBN-2 剖面

图 4-8 为 SBN-2 剖面沉积物各沉积段的粒度频率及累积频率曲线变化。由图 4-8 可知，频率曲线在各阶段都呈现双峰态，但各种曲线之间又存在很大的差异。

（1）Ⅰ沉积段（310—225 cm）中的 2—115（230 cm）曲线和 2—155（310 cm）曲线表现出明显的双峰，说明除了湖泊沉积作用外，还有风力沉积。其中，2—155（310 cm）曲线主峰峰值在 300—400 μm，次峰峰值位于 30—40 μm，主峰偏于粗端且其粒度分布与现代沙丘类似，那么意味着风沙沉积要强于湖泊沉积；而 2—115（230 cm）曲线的主峰值在 300—400 μm，次峰峰值在 30 μm 附近，且两个峰的峰形很相近，说明风力沉积作用和湖泊沉积作用大致相当。

（2）Ⅱ沉积段（225—172 cm）的频率曲线同样为双峰态，但与Ⅰ沉积段相比，还是有一定差异。2—90（180 cm）和 2—105（210 cm）主峰峰值位于 300—400 μm 且偏向粗端，次峰峰值在 40 μm 左右偏向细端，但是次峰明显减弱很多，黏土和粉砂含量减少，说明风力作用要强于流水作用。

（3）Ⅲ沉积段（172—85 cm）中 2—50（100 cm）和 2—80（160 cm）呈现不明显的双峰分布，主峰偏向粗端，次峰很弱，黏土和粉砂含量显著减少，为所有粒度频率曲线上最低，砂含量则增加到所有频率曲线中的最高值，达到 88% 以上，说明湖水变浅，流水与湖泊沉积作用减弱。

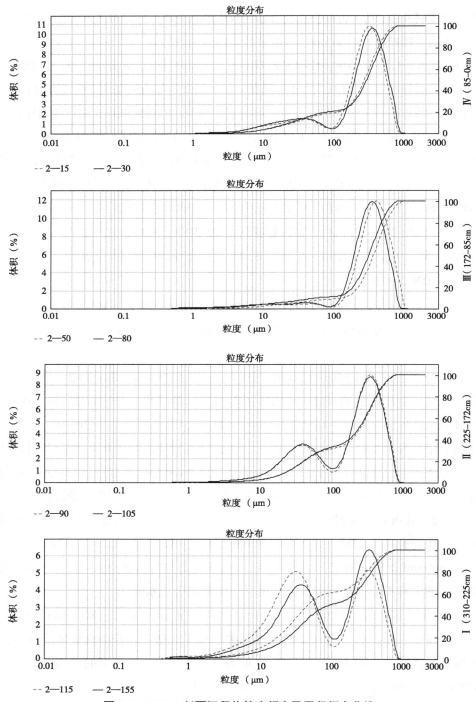

图 4-8 SBN-2 剖面沉积物粒度频率及累积频率曲线

（4）Ⅳ沉积段（85—0 cm）2—15（30 cm）和 2—30（60 cm）粒度频率分布曲线亦呈双峰分布，但是与Ⅲ沉积段相比，黏土含量变化不大，但粉砂含量稍有增加，砂含量则减少，说明流水作用稍显增强，也可能是由于人类活动而加剧土壤侵蚀导致入湖颗粒组分发生变化。

4.2 沉积物磁化率变化特征

对 SBN-1、SBN-2 两个剖面的质量磁化率(χ)进行实验分析，共分析样品 265 个，其中 SBN-1 剖面样品 110 个，SBN-2 剖面样品 155 个。本书主要应用低频质量磁化率进行分析，两个剖面的磁化率变化特征具体描述如下。

1. SBN-1 剖面

对 SBN-1 剖面沉积物样品频率磁化率的测试表明，高频和低频磁化率的差异很小，几乎为零，这样就排除了沉积物样品中存在超顺磁性物质的可能性。剖面各层磁化率数据变化特点如表 4-3 所示，曲线变化如图 4-9 所示。

表 4-3 SBN-1 剖面磁化率实验结果

层位	剖面深度/cm	低频磁化率/（$10^{-7} \, m^3/kg$）		高频磁化率/($10^{-7} \, m^3/kg$)	
		平均值	变化范围	平均值	变化范围
1	0—18	23.87	20.50—25.80	23.93	21.00—25.80
2	18—26	12.90	11.30—14.50	12.75	11.50—14.00
3	26—42	6.57	5.00—8.90	6.53	5.20—9.00
4	42—50	6.40	6.10—6.70	6.65	6.30—7.01
5	50—70	5.80	5.00—6.40	5.65	5.40—6.00
6	70—90	5.08	3.80—6.00	5.63	4.70—6.00
7	90—105	3.97	3.50—4.40	4.33	4.00—4.50
8	105—118	4.65	4.31—5.01	4.50	4.21—4.81
9	118—162	7.87	3.80—11.00	7.49	4.30—11.2
10	162—169	3.91	3.80—4.01	3.76	3.20—4.30
11	169—220	4.32	3.30—5.51	4.49	3.30—5.52

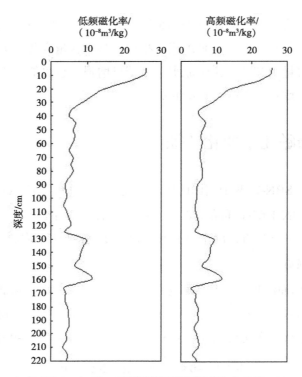

图 4-9　SBN-1 剖面低频和高频磁化率曲线

图 4-10 为 SBN-1 剖面沉积物低频磁化率与中值粒径的变化曲线。由图 4-10 可知，磁化率变化也可分为四个阶段：I 阶段（220—162 cm）：磁化率处于低值区段，范围在 3.30×10^{-8}—5.51×10^{-8} m³/kg；中值粒径在该段的平均值为 255.09 μm。II 阶段（162—118 cm）：磁化率表现出先剧烈增加后减小的变化趋势，处于高值区段，变化范围在 3.80×10^{-8}—11.00×10^{-8} m³/kg，均值为 7.87×10^{-8} m³/kg；中值粒径在这个阶段均值为 352.54 μm，是全剖面最高值阶段。III 阶段（118—42 cm）：磁化率呈现缓慢波动增加趋势，变化范围在 3.50×10^{-8}—6.70×10^{-8} m³/kg，均值为 5.16×10^{-8} m³/kg；此阶段的中值粒径也呈现波动增加趋势。IV 阶段（42—0 cm）：磁化率值快速增加，平均值为 14.64×10^{-8} m³/kg，剖面表层更是达到 25.80×10^{-8} m³/kg，为整个剖面的最高值阶段；中值粒径为波动增加的趋势，平均值达到 306.29 μm。

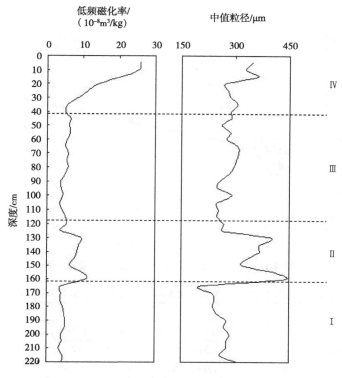

图 4-10　SBN-1 剖面低频磁化率和中值粒径曲线

　　从上述分析可知，磁化率与粒度变化密切相关，二者之间呈现很好的正相关关系，相关系数为 0.512，见图 4-11。为了更好地分析粒度与磁化率之间的关系，本书对沉积物各粒级组分与磁化率的相关关系进行了分析，见表 4-4。由表可以看出，Ⅰ阶段（220—162 cm）：磁化率值主要与粗砂和中砂呈正相关；Ⅱ阶段（162—118 cm）：磁化率值主要与细砂、极细砂、粗粉砂呈正相关；Ⅲ阶段（118—42 cm）：磁化率值主要与粗砂、粗粉砂、中粉砂呈正相关；Ⅳ阶段（42—0 cm）：磁化率值主要与粗砂、极细砂和粗粉砂呈正相关，此外，还与黏土呈高度正相关关系。由此可以看出，研究层位的磁性矿物主要富集在砂粒级和粉砂粒级的粗颗粒沉积物中，但是在剖面表层（40—0 cm），磁化率值迅速增大，且与黏土呈现高度正相关关系，原因可能是人类活动的干扰，改变了区域地表植被，加强了土壤侵蚀，从而影响了沉积物中磁性矿物的数量和种类。

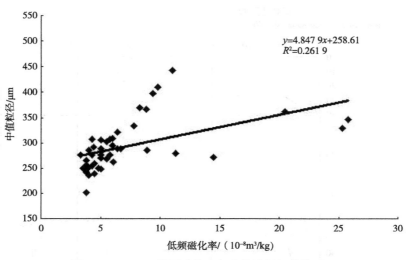

图 4-11　SBN-1 剖面磁化率和中值粒径相关关系

表 4-4　SBN-1 剖面沉积物磁化率与各粒级组分含量之间的相关性

	阶段/cm	砂				粉砂				黏土
		粗砂	中砂	细砂	极细砂	粗粉砂	中粉砂	细粉砂	极细粉砂	
低频磁化率	I（220—162）	0.228	0.285	-0.347	0.040	-0.206	-0.278	-0.278	-0.363	-0.560
	II（162—118）	-0.506	-0.440	0.568	0.662	0.575	-0.090	-0.281	-0.200	-0.121
	III（118—42）	0.687	-0.113	-0.851	-0.569	0.245	0.394	0.047	0.079	0.068
	IV（42—0）	0.251	-0.544	-0.790	0.899	0.634	-0.061	-0.319	0.009	0.858

　　SBN-1 剖面沉积物中的粗颗粒物质主要来源于风力搬运物，而粗颗粒物质的搬运一般受到气候、风化、风力强弱等的影响。相对来说，在气候干旱、风力强盛的时期，才有利于粗颗粒风沙沉积物的形成，而沉积物中黏土矿物的出现则反映当时的气候条件是相对湿润的。此外，湖相沉积物中的磁性物质主要在还原条件下产生，在气候干旱、水体较浅、处于弱氧化条件下的高原盐湖中则较难生成和保存（张俊辉等，2010）。因此，以风力搬运物为主的 SBN-1 剖面沉积物的磁化率值与粗砂粒级的颗粒含量呈正相关，而与黏土粒级的颗粒含量呈反相关。

2. SBN-2 剖面

　　对 SBN-2 剖面沉积物样品频率磁化率的测试表明，高频和低频磁化率的差异很小，几乎为零，排除了沉积物样品中存在超顺磁性物质的可能。剖面各层磁化率数据变化特点如表 4-5 所示，曲线变化如图 4-12 所示。

表 4-5 **SBN-2 剖面磁化率实验结果**

层位	剖面深度/cm	低频磁化率/（10^{-8} m³/kg）		高频磁化率/（10^{-8} m³/kg）	
		平均值	变化范围	平均值	变化范围
1	0—12	20.01	17.30—23.00	19.85	17.50—22.70
2	12—26	15.87	14.30—17.00	15.43	14.10—17.00
3	26—38	14.25	13.50—15.00	14.21	13.30—14.79
4	38—42	12.50	11.58—13.43	12.30	11.55—13.42
5	42—69	11.12	9.50—12.01	11.15	9.50—12.40
6	69—85	13.33	10.00—16.00	13.08	10.0—15.30
7	85—120	14.94	11.50—17.91	14.19	11.00—17.30
8	120—128	14.64	13.80—15.51	14.21	14.00—14.50
9	128—154	16.41	13.80—18.00	16.56	14.50—19.01
10	154—163	12.91	10.04—14.81	12.41	10.50—14.30
11	163—172	12.56	12.32—12.81	12.55	12.43—12.78
12	172—225	13.60	11.80—16.50	13.25	12.00—16.50
13	225—255	12.23	10.50—14.50	11.90	10.00—15.00
14	255—263	5.92	4.90—6.80	5.98	5.12—6.88
15	263—310	5.21	3.50—10.50	4.98	3.50—10.40

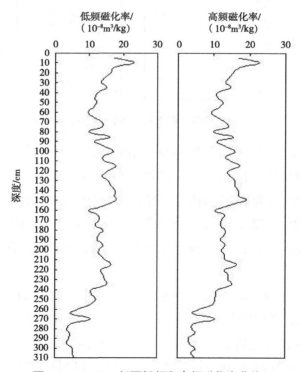

图 4-12 **SBN-2 剖面低频和高频磁化率曲线**

由图 4-13 可知，SBN-2 剖面沉积物的低频磁化率(χ)变化与中值粒径呈现较好的相关性。对应于粒度变化特征，将磁化率曲线变化划分为以下四个阶段。

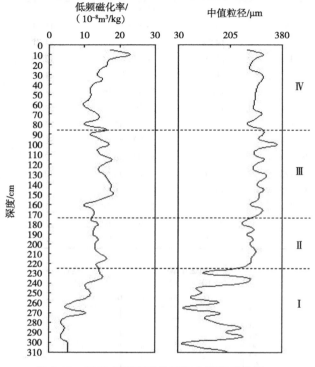

图 4-13　SBN-2 剖面磁化率和中值粒径曲线

Ⅰ阶段（310—225 cm）：磁化率值的变化范围在 3.50×10^{-8}—14.50×10^{-8} m^3/kg，变化幅度较大且呈波动上升趋势，平均值为 8.09×10^{-8} m^3/kg，为全剖面的最低值段；对应中值粒径也为整个剖面的最低值段，平均中值粒径为 157.91 μm。

Ⅱ阶段（225—172 cm）：磁化率值较Ⅰ阶段明显增大，范围在 11.80×10^{-8}—16.50×10^{-8} m^3/kg，平均值为 13.60×10^{-8} m^3/kg；中值粒径在此阶段也增大，均值达到 273.73 μm。

Ⅲ阶段（172—85 cm）：磁化率值继续波动增加，在 10.04×10^{-8}—18.0×10^{-8} m^3/kg 波动增减，平均值为 14.29×10^{-8} m^3/kg，是全剖面的最高值阶段。相应地，中值粒径在此阶段也达到最大值，均值为 307.00 μm。

Ⅳ阶段（85—0 cm）：该阶段磁化率平均值为 14.51×10^{-8} m^3/kg，相比上阶段稍有升高，总趋势表现出上升的特点；中值粒径平均值为 290.23 μm，同样比上阶段稍有减小，变化趋势较平稳。

从整个 SBN-2 剖面来看，磁化率值与中值粒径呈现很好的正相关关系（相关系数 R=0.642）（图 4-14），说明磁性矿物主要富集在粗颗粒物质中。表 4-6 为 SBN-2 剖面沉积物各阶段各粒级组分含量与中值粒径之间的相关关系。由表 4-6 可以看出：Ⅰ阶段（310—225 cm），磁化率值主要与极细砂和粗粉砂呈正相关；Ⅱ阶段（225—172 cm），磁化率值主要与粗砂呈正相关；Ⅲ阶段（172—85 cm），磁化率值主要与粗砂、中砂和细砂呈正相关；Ⅳ阶段（85—0 cm）：磁化率值主要与粗砂正相关。由此来看，SBN-2 剖面沉积中的磁性矿物也主要富集在砂粒级和粉砂粒级颗粒中，尤其是在砂粒级颗粒中表现得最为明显。因此，当气候干冷、风沙活动强烈时，大量的粗颗粒物质随风入湖，并在湖泊中沉积下来，此时磁化率值较高；当气候转为暖湿、风沙活动减弱时，湖中的风沙物质减少，其磁化率值相对较低。

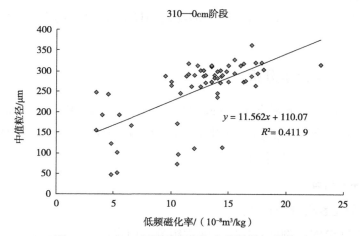

图 4-14　SBN-2 剖面磁化率和中值粒径相关关系

表 4-6　SBN-2 剖面沉积物磁化率与各粒级组分含量之间的相关性

| 阶段/cm | | 砂 | | | | 粉砂 | | | 黏土 |
	粗砂	中砂	细砂	极细砂	粗粉砂	中粉砂	细粉砂	极细粉砂	
低频磁化率 Ⅰ（310—225）	0.088	0.014	−0.041	0.196	0.195	0.031	−0.138	−0.125	−0.080
Ⅱ（225—172）	0.402	−0.027	−0.472	−0.112	0.075	0.019	0.039	0.032	0.068
Ⅲ（172—85）	0.290	0.528	0.327	−0.008	−0.107	−0.454	−0.572	−0.570	−0.528
Ⅳ（85—0）	0.432	−0.120	−0.273	−0.172	−0.070	0.013	0.017	0.098	0.090

综上所述，根据 SBN-1 和 SBN-2 剖面沉积物磁化率变化特征及与粒度组分间的相关关系分析，我们发现沉积物中的磁性物质主要分布在粗颗粒物质中，粗颗粒物质主要来源于风力搬运物。然而由于研究区地处半干旱半荒漠地带，流域化学风化作用较弱，对于风尘物质或流水携带的少量物质而言，它们最大的贡献在于改变沉积物的粒度及分选，而对磁性矿物的组成则不会产生太大的影响，因此，苏贝淖湖区沉积物磁化率可以反映沉积动力的强弱变化。此外，湖泊自生的磁性物质很少，有机质含量也较低，且沉积物成岩后的后生变化作用也较弱，所以，它们对沉积物磁化率的影响可以忽略不计。

4.3　沉积物地球化学元素的组成与分布特征

对 SBN-1、SBN-2 两个剖面进行元素地球化学实验分析，共分析样品 106 个，其中 SBN-1 剖面样品 44 个，SBN-2 剖面样品 62 个。两个剖面的元素含量特征具体描述如下。

4.3.1　常量元素分析

通常所说的常量元素有 Si、Fe、Al、Mg、Ca、Na、K、Ti、Mn 和 P 十种元素，本书根据研究的需要，只对 Fe_2O_3、CaO、K_2O、MgO、Na_2O、SiO_2 和 Al_2O_3 七种常量元素组分进行分析。

1. SBN-1 剖面

1）常量元素组分分布规律

表 4-7 为 SBN-1 剖面各层常量元素组分平均含量的实验结果，图 4-15 为常量元素组分随深度变化的曲线。可以看出，SBN-1 剖面沉积物常量元素组分中平均含量相对较高的是 SiO_2，达到 54.16%，变化范围在 46.85%—66.84%，最大值和最小值分别出现在剖面 115 cm 和 160 cm 处；Al_2O_3 的平均含量次之，为 9.41%，变化范围在 7.73%—10.34%，最大值与最小值分别出现在剖面 20 cm 和 195 cm 及 210 cm 处；CaO 和 Na_2O 的平均含量分别为 6.78%和 3.08%，含量变化范围分别在 3.05%—11.01%和 1.76%—3.89%，可见 CaO 的丰度变化是较大的；K_2O 和 MgO 的平均含量分别是 2.60%和 2.57%，变化范围在 2.00%—3.61%和

0.70%—5.38%，可以看出，MgO 的丰度变化是较大的；Fe_2O_3 是常量元素组分中含量最低的，平均含量为 2.09%，变化范围在 1.14%—5.03%。

表 4-7 SBN-1 剖面各层位常量元素组分平均含量

层位	深度/cm	Fe_2O_3/%	CaO/%	K_2O/%	MgO/%	Na_2O/%	SiO_2/%	Al_2O_3/%
1	0—18	2.02	4.25	2.31	3.27	2.86	55.96	8.95
2	18—26	1.98	7.95	2.11	4.96	2.19	50.74	7.99
3	26—42	1.71	7.26	2.30	3.20	2.35	52.46	8.62
4	42—50	2.17	9.34	2.12	2.85	2.70	49.48	8.48
5	50—70	2.60	9.11	2.23	2.97	2.48	49.54	9.19
6	70—90	2.82	8.34	2.28	4.25	2.25	49.44	9.29
7	90—105	2.14	8.49	2.21	3.66	2.67	50.89	8.83
8	105—118	2.20	10.18	2.19	1.57	3.13	48.50	9.28
9	118—162	1.57	5.53	2.56	1.11	3.45	59.08	9.55
10	162—169	2.37	5.46	3.09	2.18	3.67	56.27	10.28
11	169—220	2.09	5.28	3.40	2.07	3.84	56.77	10.29

从整个 SBN-1 纵剖面来看，七种常量元素组分大致都经历了以下四个变化阶段。

Ⅰ阶段（220—162 cm）：七种常量元素组分的平均含量变化非常平稳，几乎没有出现大幅度的增加或减少；Fe_2O_3、CaO、K_2O、MgO、Na_2O、SiO_2、Al_2O_3的平均含量依次为 2.14%、5.37%、3.25%、2.12%、3.76%、56.52%、10.29%。

Ⅱ阶段（162—118 cm）：所有常量元素组分的平均含量几乎同时发生了突变，不同的是 Fe_2O_3、CaO、K_2O、MgO、Na_2O 和 Al_2O_3 六种元素组分的平均含量都表现为突然减少，尤以 Fe_2O_3、CaO、MgO 和 Al_2O_3 四种元素组分表现得最为剧烈；而 SiO_2 则表现为剧烈增加。

Ⅲ阶段（118—42 cm）：Fe_2O_3、CaO、MgO 表现出增加的趋势，而 K_2O、Na_2O、SiO_2、Al_2O_3 则为减少的趋势。

Ⅳ阶段（42—0cm）：七种常量元素组分中 Fe_2O_3 和 K_2O 的平均含量变化较平稳，分别保持在 2.00% 和 2.20% 左右；CaO 的平均含量显著减少；其余元素呈小幅波动增加的趋势。

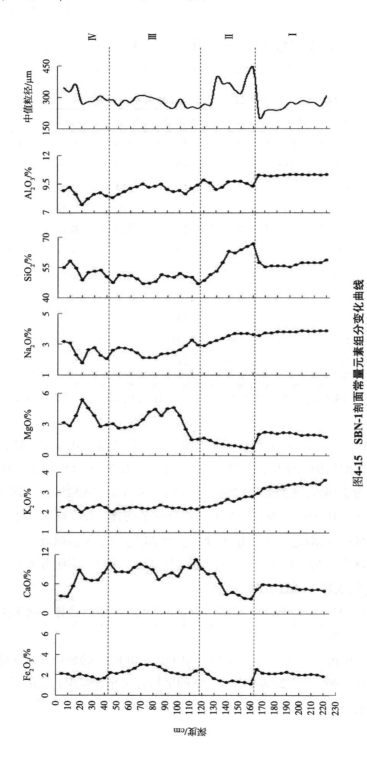

图4-15　SBN-1剖面常量元素组分变化曲线

2）常量元素组分的相关性分析

表 4-8 中为七种常量元素组分的相关系数。由表 4-8 可以看出，除了 Fe_2O_3 与 K_2O、Al_2O_3 的相关系数较小，几乎不相关外，其余所有元素组分含量变动节奏的相关性较强。Fe_2O_3 主要与 CaO、MgO 呈现正相关，而与 Na_2O、SiO_2 呈现负相关，其中与 CaO 为高度正相关，相关系数为 0.583；与 SiO_2 为高度负相关，相关系数为 −0.736。CaO 除与 Fe_2O_3 为正相关外，还与 MgO 呈正相关，而与剩余元素组分均呈现负相关关系，其中与 SiO_2 之间为高度负相关，相关系数为 −0.930。K_2O 主要与 Na_2O、SiO_2、Al_2O_3 呈正相关，与 CaO 和 MgO 呈现负相关。MgO 除与 Fe_2O_3 和 CaO 为正相关外，与其余元素组分都为高度负相关。Na_2O 与 K_2O、SiO_2、Al_2O_3 之间为正相关，与其他元素组分为负相关。此外，SiO_2 与 Al_2O_3 之间也为正相关。

表 4-8　SBN-1 剖面常量元素组分相关系数

	Fe_2O_3	CaO	K_2O	MgO	Na_2O	SiO_2	Al_2O_3
Fe_2O_3	1.000						
CaO	0.583**	1.000					
K_2O	−0.187	−0.643**	1.000				
MgO	0.560**	0.447**	−0.461**	1.000			
Na_2O	−0.435**	−0.690**	0.830**	−0.775**	1.000		
SiO_2	−0.736**	−0.930**	0.595**	−0.638**	0.734**	1.000	
Al_2O_3	0.061	−0.487**	0.857**	−0.565**	0.788**	0.461**	1.000

**表示在 0.01 水平上呈现显著相关（双侧）

3）常量元素组分波动变化反映的旋回特征

由图 4-15 可以看出，SiO_2 含量在粒径较粗的层位都处于峰值位置。由前文的粒度分析可知，这些地层的粒度频率曲线均为单峰分布，意味着 SiO_2 含量在沉积地层中的风成砂层位呈谷值。Fe_2O_3、CaO、MgO、Al_2O_3 的含量则对应于粒径较细的层位，而这些地层的粒度频率曲线均为双峰分布，说明这些元素组分的含量在沉积地层中的河湖相层位呈峰值。对于 K_2O 和 Na_2O，其含量的变化与 CaO、MgO 含量变化呈反相关关系，而与 SiO_2 和 Al_2O_3 的含量呈正相关，因此 K_2O 和 Na_2O 含量变化的环境指示意义不够明确，在进行单元素环境指示分析时不予采用。

可见，大部分常量元素组分在纵向上，表现出类似沉积物颗粒粒径"由粗变细"或"由细变粗"的沉积旋回，它们的旋回变化可以很好地解释不同沉积环境下的气候背景。由前文对各种元素组分的表生地球化学意义的分析可知，Fe_2O_3、Al_2O_3 是相对稳定的元素组分，气候越暖湿，越容易富集，而气候越干冷，富集程度越低（关有志等，1986）；CaO、MgO、Na_2O、K_2O 是活动性较高的非稳定元素组分，在气候湿润时容易淋溶迁移，气候干冷时富集程度相对较高（刘东生，1985）。那么依此规律分析，本书中 Fe_2O_3、Al_2O_3 含量显示河湖相沉积反映暖湿气候，而 CaO、MgO 等似乎反映了河湖相沉积与干冷气候密切相关，很显然这种情况似乎是矛盾的。温小浩等（2009）以地处鄂尔多斯高原毛乌素沙漠洼地的萨拉乌苏河流域米浪沟地层剖面为研究对象，利用常量元素含量分析了其记录的气候波动变化，结果表明，研究区在晚第四纪以来就形成了地势低洼且较为闭塞的地貌类型，低洼区域是周围水流聚集的较好场所，因此在风成砂层上面常形成大小不一的季节性积水洼地或湖泊，但高出水面的砂层地表则相对固定，进行着成土成壤作用；那么，周围平地、坡地、高原等区域地层中活动性较高的 CaO、MgO、Na_2O、K_2O 等在气候湿润条件下首先淋溶，并随水汇集到河湖沼泽中，Fe_2O_3、Al_2O_3 等则在原地貌部位相对富集；而当降水异常增多时，Fe_2O_3、Al_2O_3 等稳定组分同样可以随水聚集到河湖沼相沉积中。因此，这种特殊的低洼地貌形态成为气候暖湿条件下易溶组分和部分稳定组分在河湖沼相沉积地层中出现不同程度富集的重要因素。本书研究区所选剖面位于鄂尔多斯高原毛乌素沙地苏贝淖湖盆区域，亦为地势低洼的地貌形态，所以，剖面中的湖沼相沉积地层中在一定程度上聚集了周边陆地风化中的可溶组分。

2. SBN-2 剖面

1）常量元素组分分布规律

表 4-9 为 SBN-2 剖面各层常量元素组分平均含量的实验结果，图 4-16 为常量元素组分随剖面深度的变化曲线。可以看出，SBN-2 剖面沉积物常量元素组分中 SiO_2 的平均含量相对较高，为 59.62%，变化范围在 44.09%—67.43%；Al_2O_3 的平均含量次之，为 8.72%，在 5.74%—10.01%；MgO 和 CaO 的平均含量分别为 4.66% 和 3.92%，含量变化范围分别在 1.54%—12.78% 和 1.69%—12.15%，可见 MgO 和 CaO 的丰度变化是较大的；Na_2O 和 K_2O 的平均含量分别是 3.17% 和

2.44%，变化范围在 1.22%—7.39% 和 1.46%—2.78%，可以看出，Na_2O 的丰度变化较大而 K_2O 的丰度变化较小；Fe_2O_3 是常量元素组分中平均含量最低的，为 1.89%，变化范围在 1.39%—3.19%。

表 4-9　SBN-2 剖面各层位常量元素组分平均含量

层位	深度/cm	Fe_2O_3/%	CaO/%	K_2O/%	MgO/%	Na_2O/%	SiO_2/%	Al_2O_3/%
1	0—12	2.03	2.91	2.53	2.10	5.15	61.21	9.42
2	12—26	2.07	3.68	2.47	3.06	3.04	58.95	9.15
3	26—38	2.08	4.14	2.47	3.51	3.76	58.98	9.00
4	38—42	1.99	4.00	2.52	3.78	3.75	58.39	8.95
5	42—69	1.68	2.48	2.72	2.45	3.12	62.90	9.65
6	69—85	1.88	2.65	2.64	3.08	3.72	62.19	9.46
7	85—120	1.85	2.44	2.68	3.06	3.57	63.06	9.58
8	120—128	1.65	1.95	2.72	2.28	3.37	65.29	9.67
9	128—154	1.70	2.07	2.72	2.57	3.80	64.51	9.70
10	154—163	1.95	3.10	2.48	6.15	2.62	59.62	8.65
11	163—172	1.64	2.31	2.67	3.96	3.56	63.32	9.29
12	172—225	1.63	2.27	2.65	4.01	3.44	63.88	9.19
13	225—255	2.23	4.11	2.31	7.57	2.66	56.82	7.98
14	255—263	2.27	8.16	1.84	9.44	2.26	49.66	6.69
15	263—310	2.09	9.43	1.74	8.54	1.97	48.68	6.36

从整个 SBN-2 纵剖面来看，七种常量元素组分都大致都经历了以下两个变化阶段。

Ⅰ阶段（310—225 cm）：Fe_2O_3、CaO、MgO 三种元素组分的平均含量都处于高值阶段，而 K_2O、SiO_2、Al_2O_3、Na_2O 的平均含量则为低值段；大部分元素组分经历了变化幅度较大的波动增加和减少趋势。

Ⅱ阶段（225—0 cm）：Fe_2O_3、CaO、MgO 三种元素组分的平均含量都为波动减少趋势，但幅度不大，而 K_2O、SiO_2、Al_2O_3、Na_2O 的平均含量则为波动增加趋势，变化也比较平稳。其中 Na_2O 的平均含量从剖面底部至表层一直为上升趋势，且在表层达到最大值 7.39%。

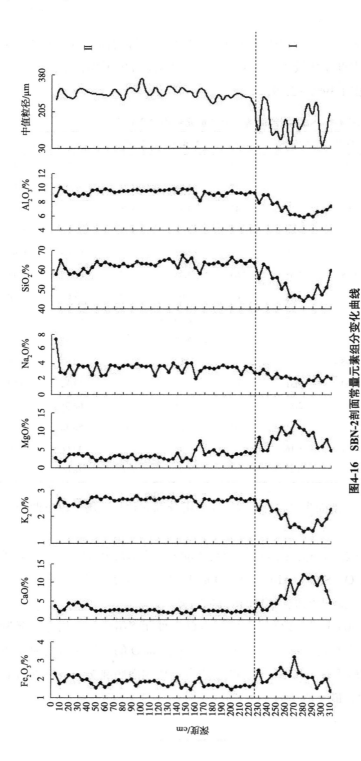

图4-16 SBN-2剖面常量元素组分变化曲线

2）常量元素组分的相关性分析

从表 4-10 可以看出，SBN-2 剖面沉积物常量元素组分之间的相关性表现出与 SBN-1 剖面沉积物相同的特征。Fe$_2$O$_3$ 主要与 CaO、MgO 呈现正相关，与其他元素组分呈现负相关，其中与 MgO 为高度正相关，相关系数为 0.741，与 SiO$_2$ 为高度负相关，相关系数为 −0.704；CaO 与 MgO 为高度正相关，相关系数是 0.769，而与 K$_2$O、SiO$_2$、Na$_2$O、Al$_2$O$_3$ 之间为负相关，尤其是与 K$_2$O、SiO$_2$、Al$_2$O$_3$，相关系数达到 −0.971、−0.955 和 −0.932；K$_2$O 与 SiO$_2$、Al$_2$O$_3$ 为高度正相关，与 MgO 为高度负相关，相关系数分别为 0.983、0.981、−0.874；MgO 与 SiO$_2$、Al$_2$O$_3$ 呈现高度负相关，相关系数为 −0.874、−0.917；Na$_2$O 与 SiO$_2$、Al$_2$O$_3$ 为正相关关系；SiO$_2$ 与 Al$_2$O$_3$ 之间呈现高度正相关，相关系数达到 0.957，二者与其他元素组分的相关关系表现出同步性，呈现同步正相关或负相关，如它们均与 K$_2$O 为高度正相关，相关系数分别为 0.983、0.981，均与 CaO 为高度负相关，相关系数分别是 −0.955 和 −0.932。

表 4-10　SBN-2 剖面常量元素组分相关系数

	Fe$_2$O$_3$	CaO	K$_2$O	MgO	Na$_2$O	SiO$_2$	Al$_2$O$_3$
Fe$_2$O$_3$	1.000						
CaO	0.493**	1.000					
K$_2$O	−0.622**	−0.971**	1.000				
MgO	0.741**	0.769**	−0.874**	1.000			
Na$_2$O	−0.253	−0.587**	0.592**	−0.612**	1.000		
SiO$_2$	−0.704**	−0.955**	0.983**	−0.874**	0.567**	1.000	
Al$_2$O$_3$	−0.597**	−0.932**	0.981**	−0.917**	0.618**	0.957**	1.000

**表示在 0.01 水平上呈现显著相关（双侧）

3）常量元素组分波动变化反映的旋回特征

如图 4-16 所示，SBN-2 剖面中 SiO$_2$ 和 Al$_2$O$_3$ 含量在颗粒较粗的层位都处于峰值位置，在较细的层位则处于谷值；Fe$_2$O$_3$、CaO、MgO 含量的峰值则对应于粒径较细的层位，谷值对应较粗的层位；活性元素组分 K$_2$O、Na$_2$O 与 CaO、MgO 之间呈现明显的反相关关系，与 SiO$_2$ 和 Al$_2$O$_3$ 为高度正相关关系，这与 SBN-1 剖面所反映的情况是一致的，故 K$_2$O、Na$_2$O 在进行单元素环境指示分析时不予采用。其他常量元素组分之间呈现很好的正相关性，且其含量在整个垂向剖面中出现多个"多—少"周期性旋回变化，因此在一定程度上可以指示区域气候的波动旋回。

4.3.2　微量元素分析

根据实验测试结果，本书对 Ba、Co、Cr、Cu、Ga、Mn、Ni、Rb、Sr、Ti、V、Zn、Zr 和 Y14 种微量元素的分布特征进行分析。

1. SBN-1 剖面

1）微量元素组合分布规律

表 4-11 为 SBN-1 剖面各层部分微量元素平均含量的实验结果，图 4-17 和图 4-18 为 14 种微量元素随剖面深度变化的曲线。可以看出，SBN-1 剖面沉积物以 Ti、Ba、Sr、Mn 等微量元素较为富集，其中 Ti 的平均含量最高，为 1463.05 mg/kg，在 770.00—1981.00 mg/kg；其次为 Ba，其平均含量为 744.35 mg/kg，变化范围是 572.20—1040.40 mg/kg；再次是 Sr 和 Mn，平均含量分别为 484.64 mg/kg 和 296.13 mg/kg，变化范围分别是 373.70—680.30 mg/kg 和 151.30—392.40 mg/kg。Cr、Zr、Rb、V、Co 的平均含量也较多，分别为 106.42 mg/kg、87.89 mg/kg、78.64 mg/kg、40.95 mg/kg、30.23 mg/kg；Ga、Zn、Ni、Y、Cu 五种元素的平均含量最少，都在 17 mg/kg 以下，分别是 16.44 mg/kg、11.18 mg/kg、9.99 mg/kg、8.23 mg/kg、4.71 mg/kg。

表 4-11　SBN-1 剖面各层位部分微量元素平均含量　　单位：mg/kg

层位	深度/cm	Mn	Ni	Rb	Sr	Ti	V	Zn
1	0—18	269.50	9.47	80.23	445.80	1673.67	38.40	16.63
2	18—26	288.55	10.35	76.30	673.75	1532.50	39.50	17.80
3	26—42	221.23	9.20	78.67	644.33	1334.00	32.67	14.53
4	42—50	287.45	10.00	76.15	651.50	1689.00	41.65	16.85
5	50—70	302.53	12.35	72.88	546.90	1729.50	50.25	14.63
6	70—90	364.85	13.43	72.98	530.80	1774.50	51.28	16.90
7	90—105	293.53	10.30	69.70	484.33	1571.67	44.43	11.83
8	105—118	296.05	9.60	67.80	435.45	1764.00	51.15	10.25
9	118—162	223.87	7.31	70.81	402.83	1171.11	36.43	5.24
10	162—169	356.60	11.70	88.25	421.95	1580.00	46.50	8.80
11	169—220	353.54	10.08	93.70	429.92	1294.90	36.35	8.24

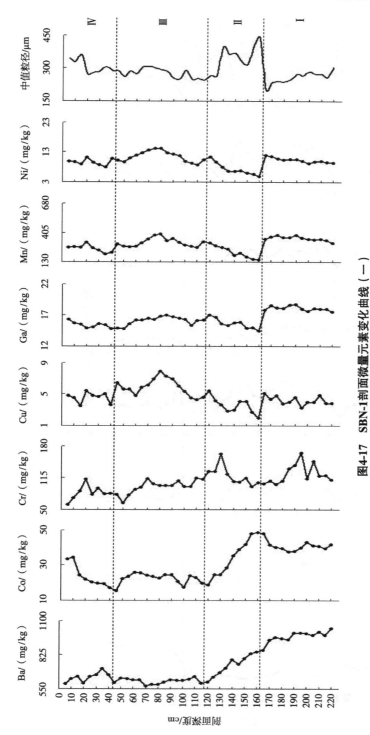

图4-17　SBN-1剖面微量元素变化曲线（一）

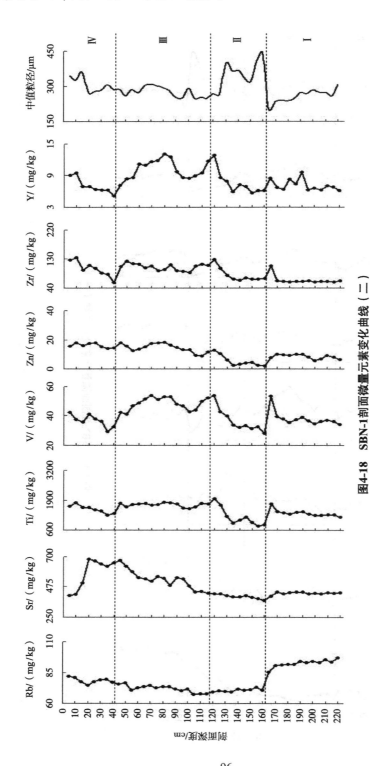

图4-18 SBN-1剖面微量元素变化曲线（二）

对应于常量元素变化，也可将微量元素的变化分为四个阶段。

Ⅰ阶段（220—162 cm）：大部分微量元素含量的变化比较平稳，只有个别元素出现明显的小幅波动变化；几乎所有微量元素的平均含量在此阶段均处于相对高值段。

Ⅱ阶段（162—118 cm）：所有微量元素的含量几乎同时发生了突变且变化较为剧烈，多数微量元素的含量与上一阶段相比都呈现下降的趋势，个别微量元素在这一阶段的平均含量到达谷底值，如 Cu、Mn、Ni、Ti 等元素。

Ⅲ阶段（118—42 cm）：部分微量元素的含量呈现平稳的变化趋势，如 Ba、Co、Ga、Mn、Rb 等元素；另一部分则为明显的小幅波动变化，如 Cu、V、Y 等元素。

Ⅳ阶段（42—0 cm）：大部分微量元素含量的变化稍显剧烈，波动较为频繁。

2）微量元素的相关性与聚类分析

利用 SPSS 软件对 14 种微量元素进行相关性分析和系统聚类分析，得到相关性系数矩阵表（表 4-12），以及部分元素的相关关系图（图 4-19）、元素分类树状图（图 4-20）。由表 4-12 和图 4-19 以及图 4-20 可知，就整个 SBN-1 剖面来看，多数微量元素之间存在高度相关关系，如 Ba 主要与 Co、Cr、Ga、Mn、Rb 四种元素呈现正相关关系，与其他元素均呈现负相关关系，其中与 Rb 为高度正相关，相关系数高达 0.842，与 Zn、Zr 为高度负相关，相关系数分别达到–0.632、–0.794。此外，Co 与 Mn、Rb 等，Cr 与 Ga、Mn，Cu 与 Ga、Ni、Zn 等，Ga 与 Mn、Rb 等，Ni 与 Ti、Zn 等都呈现高度正相关，相关系数都在 0.600 以上。再从微量元素的分类树状图可以看出，将 14 种微量元素按照最近距离法进行系统聚类后，当将其分成 5 种类型时：Rb、Ba、Sr、Co 各自成为一类，Ni、Y、Zn、Cu 等剩余的 10 种微量元素为一类。结合前文微量元素随剖面的垂向变化特征以及相关系数表，可以看出，Rb、Ba、Sr、Co 与其他元素相比没有出现明显的规律性的变化。因此，本书只分析除这四种元素之外的其余 10 种微量元素的变化规律反映的环境变化。

表 4-12 SBN-1 剖面微量元素相关系数

	Ba	Co	Cr	Cu	Ga	Mn	Ni	Rb	Sr	Ti	V	Y	Zn	Zr
Ba	1.000													
Co	0.823**	1.000												
Cr	0.486**	0.307*	1.000											
Cu	-0.517**	-0.535**	-0.301*	1.000										
Ga	0.660**	0.455**	0.495**	0.660**	1.000									
Mn	0.783**	0.650**	0.668**	-0.341*	0.600**	1.000								
Ni	-0.266	-0.362*	-0.072	0.798**	0.408**	-0.168	1.000							
Rb	0.842**	0.595**	0.262	-0.203	0.746**	0.452**	0.097	1.000						
Sr	-0.504**	-0.699**	-0.487**	0.513**	-0.416**	-0.608**	0.368*	-0.199	1.000					
Ti	-0.598**	-0.601**	-0.282	0.746**	0.086	-0.474**	0.768**	-0.245	0.376**	1.000				
V	-0.541**	-0.450**	-0.063	0.741**	0.142	-0.186	0.771**	-0.358*	0.155	0.840**	1.000			
Y	-0.529**	-0.401**	-0.070	0.677**	0.128	-0.203	0.673**	-0.368*	0.025	0.757**	0.877**	1.000		
Zn	-0.632**	-0.698**	-0.500**	0.750**	-0.143	-0.747**	0.842**	-0.154	0.731**	0.776**	0.519**	0.494**	1.000	
Zr	-0.794**	-0.571**	-0.485*	0.531**	-0.382*	-0.681**	0.360*	-0.550**	0.325*	0.791**	0.680**	0.638**	0.635**	1.000

**表示在 0.01 水平上呈现显著相关（双侧）; *表示在 0.05 水平上呈现显著相关（双侧）

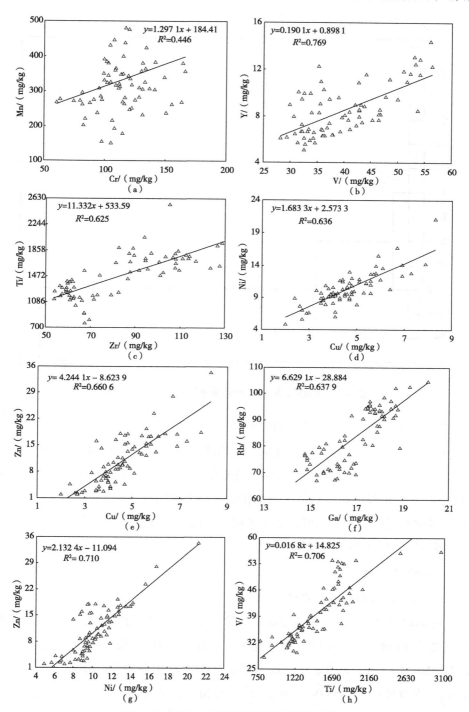

图 4-19 SBN-1 剖面部分微量元素相关性

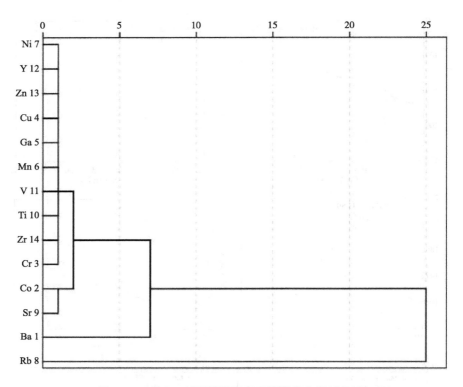

图 4-20　SBN-1 剖面微量元素系统聚类分析树状图

3）微量元素波动变化反映的旋回特征

从 10 种微量元素随剖面深度的变化曲线图可以看出，它们的旋回变化规律很明显，类似于常量元素变化，其含量变化的峰值对应的剖面沉积相主要为河湖沼相沉积，而谷值对应的剖面沉积相则主要为风成砂沉积。因此，Ni、Y、Zn、Cu 等微量元素的旋回变化可以指示区域气候的旋回变动，其富集程度较高，揭示气候湿润，反之则说明气候干冷。

2. SBN-2 剖面

1）微量元素组合分布规律

表 4-13 为 SBN-2 剖面各层部分微量元素平均含量的实验结果，图 4-21 和图 4-22 为 14 种微量元素随剖面深度变化的曲线。可以看出，SBN-2 剖面沉积物中 Ti、Sr、Ba、Mn 等微量元素较为富集，其中 Ti 的平均含量最高，为 1459.01 mg/kg，在 974.00—1853.00 mg/kg；其次为 Sr，其平均含量为 722.05 mg/kg，变

化范围是 413.30—1803.60 mg/kg；再次是 Ba 和 Mn，平均含量分别为 670.29 mg/kg 和 228.94 mg/kg，变化范围分别是 426.30—788.21 mg/kg 和 148.42—424.53 mg/kg。Zr、Cr、Rb、V、Co 的平均含量也较多，分别为 99.68 mg/kg、92.61 mg/kg、76.44 mg/kg、39.96 mg/kg、34.48 mg/kg；Ga、Zn、Ni、Y、Cu 五种元素的平均含量最少，都在 16 mg/kg 以下，分别是 15.09 mg/kg、12.04 mg/kg、9.44 mg/kg、6.68 mg/kg、4.50 mg/kg。

表 4-13 SBN-2 剖面各层位部分微量元素平均含量　　　　　单位：mg/kg

层位	深度/cm	Mn	Ni	Rb	Sr	Ti	V	Zn
1	0—12	237.70	9.95	81.45	459.25	1711.50	37.40	11.20
2	12—26	223.43	9.60	80.23	535.97	1556.33	39.67	14.03
3	26—38	244.20	10.05	78.85	595.75	1566.50	40.15	14.20
4	38—42	242.60	12.00	79.80	616.90	1507.00	37.50	14.70
5	42—69	183.36	7.88	80.98	488.38	1325.20	32.92	8.90
6	69—85	214.60	9.45	80.35	502.15	1544.25	37.03	11.98
7	85—120	209.21	9.24	80.24	508.30	1513.29	35.77	10.50
8	120—128	182.00	7.40	81.10	474.20	1454.00	33.20	6.25
9	128—154	186.94	8.00	79.96	487.90	1490.80	35.32	10.02
10	154—163	208.35	9.75	76.15	672.15	1514.00	37.15	13.95
11	163—172	166.20	8.40	79.00	561.60	1301.00	33.75	9.20
12	172—225	178.83	7.86	79.52	572.66	1360.50	32.27	8.87
13	225—255	262.52	11.67	75.28	951.98	1508.17	39.32	16.52
14	255—263	310.60	11.25	66.00	1373.45	1552.50	49.70	18.95
15	263—310	338.39	11.13	62.10	1375.89	1397.78	62.23	15.38

总体来看，SBN-2 剖面微量元素的变化特征大致可分为两个阶段。

Ⅰ阶段（310—225 cm）：Ba、Co、Cr、Ga、Rb 的平均含量明显偏低，其中 Ba、Co、Rb 的含量是先减后增，Cr、Ga 为缓慢增加的趋势；其他元素的平均含量相对较高，而且变化趋势较为一致，均为先增后减。

Ⅱ阶段（225—0 cm）：Ba、Cr、Rb 的平均含量较上一阶段大幅增加，但波动变化幅度非常小，Co、Cr、Ga 的平均含量小幅增加，变化也很平稳；其他元素的平均含量除 Cu、Mn、Ni、Sr、Zn 显著减少外，变化较上阶段并不明显。

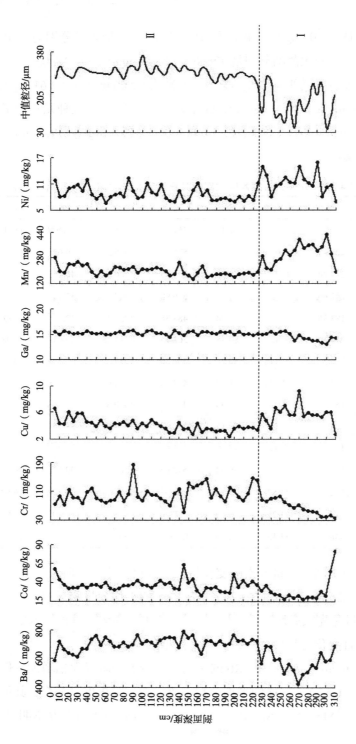

图 4-21 SBN-2 剖面微量元素变化曲线（一）

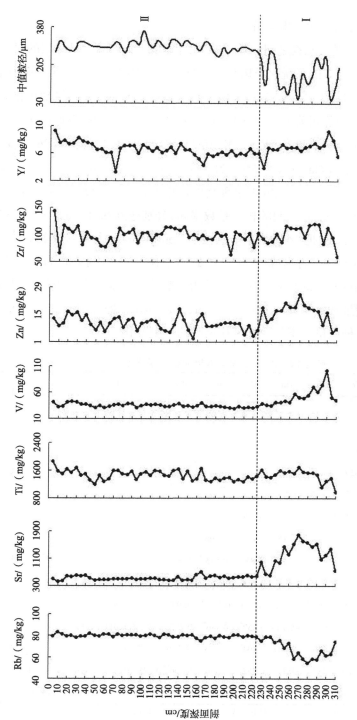

图 4-22 SBN-2 剖面微量元素变化曲线（二）

2）微量元素的相关性与聚类分析

表 4-14 为 14 种微量元素之间的相关系数，图 4-23 为部分微量元素的相关关系，图 4-24 为微量元素的系统聚类树状图。就整个 SBN-2 剖面来看，多数微量元素之间存在高度相关关系，如 Ba 与 Co、Cr、Ga、Rb 四种元素呈现正相关关系，与其他元素均呈现负相关关系，其中与 Rb 为高度正相关，相关系数高达 0.810，与 Mn、Sr、Zn、Cu 为高度负相关，相关系数分别达到-0.901、-0.896、-0.839 和-0.826；此外，Cr 与 Ga，Cu 与 Mn、Ni、Sr、Zn，Ga 与 Rb，Mn 与 Ni、Sr、V、Zn，Ni 与 Sr、Zn，Sr 与 V、Zn 都呈现高度正相关，相关系数都在 0.600 以上，其中 Cu 与 Mn，Mn 与 Sr、V 之间的相关系数很高，分别达到 0.815、0.873 和 0.857。从分类树状图可以看出，把 14 种微量元素按照最近距离法进行系统聚类后，分成 4 种类型时：Co、Cr、Ga 各自成为一类，Cu、Y、Ni、Zn 等剩余的 11 种微量元素为一类。结合微量元素的垂向变化特征及相关系数表，剔除变化规律不明显且与大多数元素之间呈现反相关的 Co、Cr、Ga、Ba、Rb 5 种元素，只分析除这 5 种元素之外其余 9 种微量元素的变化规律反映的环境变化。

表 4-14　SBN-2 剖面微量元素相关系数

	Ba	Co	Cr	Cu	Ga	Mn	Ni	Rb	Sr	Ti	V	Y	Zn	Zr
Ba	1.000													
Co	0.531**	1.000												
Cr	0.432**	-0.044	1.000											
Cu	-0.826**	-0.371*	-0.357*	1.000										
Ga	0.409**	0.108	0.652**	-0.270	1.000									
Mn	-0.901**	-0.474**	-0.532**	0.815**	-0.610**	1.000								
Ni	-0.736**	-0.392*	-0.170	0.669**	-0.158	0.656**	1.000							
Rb	0.810**	0.439**	0.559**	-0.559**	0.744**	-0.852**	-0.515**	1.000						
Sr	-0.896**	-0.484**	-0.511**	0.700**	-0.606**	0.873**	0.624**	-0.941**	1.000					
Ti	-0.438**	-0.348*	0.172	0.466**	0.277	0.330*	0.474**	-0.071	0.144	1.000				
V	-0.635**	-0.334*	-0.544**	0.534**	-0.764	0.857**	0.386*	-0.792**	0.692**	0.011	1.000			
Y	-0.281	-0.005	-0.283	0.436**	-0.218	0.404**	0.183	-0.209	0.177	0.218	0.434**	1.000		
Zn	-0.839**	-0.602**	-0.223	0.734**	-0.172	0.752**	0.664**	-0.556**	0.675**	0.551**	0.466**	0.185	1.000	
Zr	-0.366*	-1.603	-0.109	0.365*	-0.051	0.378*	0.364**	-0.261	0.269	0.516**	0.281	0.401**	0.395*	1.000

**表示在 0.01 水平上呈现显著相关（双侧）；*表示在 0.05 水平上呈现显著相关（双侧）

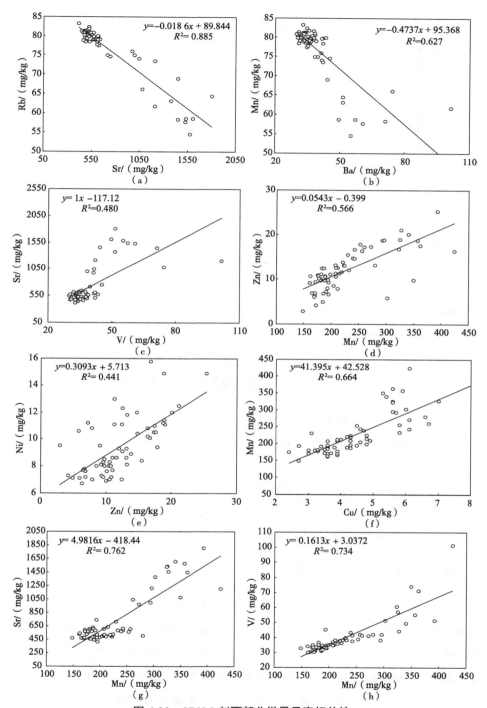

图 4-23 SBN-2 剖面部分微量元素相关性

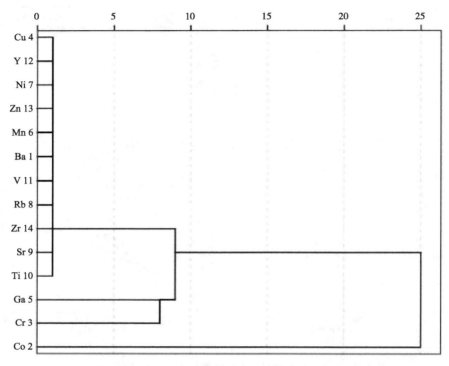

图 4-24　SBN-2 剖面微量元素系统聚类分析树状图

3）微量元素波动变化反映的旋回特征

从 9 种微量元素的垂向变化曲线图可以看出，它们的旋回变化规律较为明显，大致分为 2 个变化阶段，类似于常量元素变化，Cu、Y、Ni、Zn 等 9 种微量元素含量变化的峰值对应的剖面沉积相为湖相沉积，而谷值对应的剖面沉积相则主要为风成砂沉积。因此，9 种微量元素的旋回变化可以揭示区域气候的旋回变动，其富集程度较高，揭示气候湿润，反之则说明气候干冷。

4.3.3　元素对比值分析

前文对两个剖面常量和微量元素的组合分布特征、相关关系及垂向变化旋回规律等进行了详细分析，从它们的特征变化上我们可以对某一阶段的环境背景形成初步的判断，但是，单个元素的绝对含量变化有时并不能真实反映环境变化过程，因此通过具有不同地球化学背景的元素比值来反映它们的相对迁移程度，同时结合单元素的含量变化进行对比，才能较为准确地判断不同阶段化学风化作用的强度，还原环境演化的实质。

1. SBN-1 剖面

选择 SiO_2/Al_2O_3 比值、CaO/MgO 比值、K_2O/Na_2O 比值、V/Cr 比值、C 值及部分常量和微量单元素进行分析。图 4-25 为 SBN-1 剖面沉积物元素对比值随深度变化的曲线。元素对比值的变化大概也划分为四个阶段，各阶段的变化特征及环境指示如下。

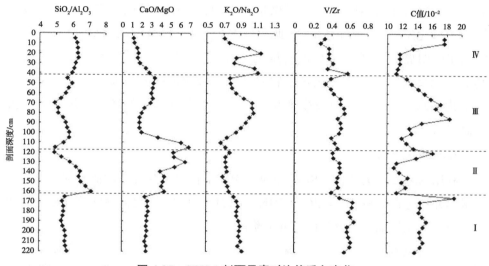

图 4-25　SBN-1 剖面元素对比值垂向变化

Ⅰ阶段（220—162 cm）：SiO_2/Al_2O_3 比值低、CaO/MgO 比值低、K_2O/Na_2O 比值高、V/Cr 比值高、C 值相对较高。同时，Fe_2O_3、Al_2O_3、CaO、MgO 等常量元素组分相对富集，性质较为稳定的 Cr、Ni、Ti、V 等微量元素的含量也相对较高，说明该阶段的气候相对湿润。

Ⅱ阶段（162—118 cm）：SiO_2/Al_2O_3 比值和 CaO/MgO 比值达到全剖面的最高值，K_2O/Na_2O 比值、C 值则为全剖面的最低值，V/Cr 比值也为低值段。另外，据前文分析，该阶段 Fe_2O_3、Al_2O_3、CaO、MgO 的含量相对减少，稳定性过渡元素 Cr、Ni、Ti、V 等的含量也有所降低，SiO_2 的含量最高，指示该阶段为干冷气候，同时也经历了几次明显的干湿波动。

Ⅲ阶段（118—42 cm）：SiO_2/Al_2O_3 比值、CaO/MgO 比值较上阶段显著降低，而 K_2O/Na_2O 比值、C 值则显著升高，V/Cr 比值也相对增加。此外，Fe_2O_3、Al_2O_3、

CaO、MgO 的含量相对增加，Ni、Ti、V 等元素的含量升高，SiO₂ 含量较少，这些指标的变化总体上反映了该阶段气候相对温暖湿润。不过，在该阶段也存在次一级的冷暖干湿波动，如在阶段后期（剖面 70 cm 以上），所有指标显示气候有向干凉转变的趋势。

Ⅳ阶段（42—0 cm）：该阶段 SiO_2/Al_2O_3 比值增加，V/Cr 比值减小，C 值先减后增，Fe_2O_3、Al_2O_3、CaO 含量相对减少，SiO_2 含量呈小幅波动增加趋势，Cr、Mn、Ni、Ti、V、Y 等微量元素的含量相对较低，指示了该阶段气候向干旱化发展。需要注意的是,此阶段 K_2O/Na_2O 比值波动增加且幅度较大、C 值在后期显著升高，MgO 的含量也出现异常，较上一阶段有所增加，这与其他指标反映的气候干旱化是矛盾的，原因可能是沉积物表层受到人类活动的干扰导致部分元素组分发生变化，那么元素及其比值的环境指示也就失去了意义。

2. SBN-2 剖面

利用 SiO_2/Al_2O_3 比值、Sr/Ba 比值、Rb/Sr 比值、Fe/Mn 比值及部分常量和微量单元素进行分析。图 4-26 为 SBN-2 剖面沉积物元素对比值随深度变化的曲线，根据变化特征将其分为以下五个阶段。

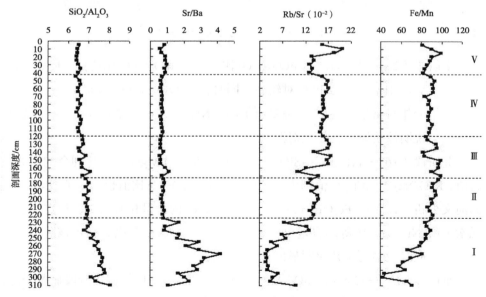

图 4-26　SBN-2 剖面元素对比值垂向变化

Ⅰ阶段（310—225cm）：该阶段 SiO_2/Al_2O_3 比值高、Rb/Sr 比值低，反映了气候条件相对较好。而由前文分析可知，该阶段 Fe 含量较高，但 Fe/Mn 比值较低，说明湖泊为深水还原环境。此外，Fe_2O_3、CaO、MgO 的含量较高，微量元素 Cu、Mn、Ni、V 及惰性元素 Ti、Y 等相对富集，也指示该时段为湿润环境。但是 Sr/Ba 比值却较高，这和 Rb/Sr 比值、Fe/Mn 比值等指标反映的环境条件正好相反。有学者指出（靳鹤龄等，2005），如果湖泊的离子浓度比较低，沉积物中由生物化学作用生成的碳酸盐较少时，Sr/Ba 比值就没有明确的环境指示意义，不能作为环境指示的代用指标。但是，据本书对碳酸盐含量的分析，沉积物中的碳酸盐主要来自湖泊的自生碳酸盐，且在此阶段碳酸盐的含量很高，因此 Sr/Ba 比值可以作为反映环境变化的代用指标。那么，是什么原因导致这种差异的出现呢？这可能与苏贝淖湖区位于毛乌素沙地有关。在风沙活动加强时，大量的风沙物质随风搬运入湖，而在风力搬运过程中，化学风化极其微弱，Sr、Ba 等元素很少丢失，加之湖泊中大量碳酸盐的生成使湖水中的 Ba^{2+} 减少，从而导致沉积物中 Sr/Ba 比值升高。所以，高 Sr/Ba 比值应该指示气候湿润。

Ⅱ阶段（225—172 cm）：SiO_2/Al_2O_3 比值降低、Rb/Sr 比值升高、Sr/Ba 比值显著降低、Fe/Mn 比值高，指示气候干旱，湖泊收缩、湖水变浅、盐度升高。同时，Fe_2O_3、CaO、MgO、Mn、Cu、Ni、V、Zr、Y 等元素的含量降低，也说明该阶段为干旱气候期。

Ⅲ阶段（172—120 cm）：SiO_2/Al_2O_3 比值较上阶段略有降低，Sr/Ba 比值变化不明显，Rb/Sr 比值和 Fe/Mn 比值稍有升高，反映了气候继续向干旱化方向发展，但是在该阶段各指标的变化出现较明显的波动，说明气候存在多次干湿波动变化。例如，在剖面 145 cm 和 165 cm 处，SiO_2/Al_2O_3 比值和 Sr/Ba 比值均出现峰值，对应 Rb/Sr 比值和 Fe/Mn 比值则出现谷值，指示气候为半湿润期。Fe_2O_3、CaO、MgO、Mn、Cu、Ni、Y 等元素含量也出现相应的变化特征。总体而言，此阶段气候偏干，但存在次一级的干湿交替变化，对应湖泊水位波动变化且总体较浅。

Ⅳ阶段（120—42 cm）：SiO_2/Al_2O_3 比值低、Rb/Sr 比值高、Sr/Ba 比值低，但与上阶段相比变化不明显，Fe/Mn 比值高，Fe_2O_3、CaO、MgO、Mn、Cu 等元素含量也较低，反映气候干旱、湖水很浅、盐度较高。

Ⅴ阶段（42—0 cm）：SiO_2/Al_2O_3 比值低，Sr/Ba 比值较上阶段稍有升高，Rb/Sr

比值、Fe/Mn 比值较上阶段稍偏低，但起伏变化较大，Fe_2O_3、CaO、MgO、Mn、Cu、Ni 等元素亦表现出一定程度的富集，说明该阶段气候总体上仍较干旱，但存在短时间的半湿润期，有明显的干湿交替，湖泊水位较低，但存在幅度较大的高低水位变化。

4.4 沉积物烧失量变化特征

由于湖泊沉积物中烧失量与有机碳含量为线性关系，可以粗略用来代表有机碳含量变化，因此本书对 SBN-1、SBN-2 两个剖面的沉积物样品进行烧失量实验分析，共分析样品 265 个，其中 SBN-1 剖面样品 115 个，SBN-2 剖面样品 155 个。两个剖面的烧失量特征描述如下。

1. SBN-1 剖面

表 4-15 为 SBN-1 和 SBN-2 剖面烧失量实验结果。图 4-27 为烧失量和黏土含量变化曲线。可以看出，SBN-1 剖面烧失量（LOI）变化与黏土含量变化具有较好的对应性，二者呈现正相关关系，相关系数为 0.868。烧失量（LOI）变化趋势基本上可以分为以下四个阶段。

表 4-15   SBN-1 和 SBN-2 剖面烧失量实验结果

SBN-1 剖面			SBN-2 剖面		
层位	深度/cm	烧失量/%	层位	深度/cm	烧失量/%
1	0—18	2.58	1	0—12	3.61
2	18—26	3.43	2	12—26	2.12
3	26—42	1.97	3	26—38	2.58
4	42—50	4.02	4	38—42	2.20
5	50—70	4.45	5	42—69	1.31
6	70—90	4.91	6	69—85	1.62
7	90—105	3.68	7	85—120	1.38
8	105—118	2.75	8	120—128	0.96
9	118—162	1.43	9	128—154	1.03
10	162—169	1.86	10	154—163	1.85
11	169—220	1.34	11	163—172	0.91
			12	172—225	1.22
			13	225—255	1.59
			14	255—263	2.14
			15	263—310	2.92

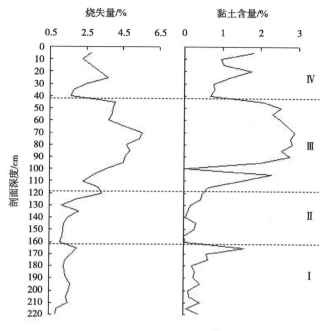

图 4-27　SBN-1 剖面烧失量及黏土含量记录

Ⅰ阶段（220—162 cm）：LOI 值中等偏高，平均值为 1.60%，变化范围在 0.83%—2.03%；黏土颗粒含量也为中等偏高，平均含量为 0.69%，反映该阶段气候相对湿润。

Ⅱ阶段（162—118 cm）：LOI 值的较上阶段有所降低，平均值为 1.43%，是全剖面的最低值区段；对应黏土颗粒含量在该阶段也为最低值段，平均值为 0.21%，反映气候干旱。

Ⅲ阶段（118—42 cm）：LOI 值剧烈波动增加，为整个剖面的最高值区段，均值达到 3.96%；对应黏土颗粒含量在该阶段的变化趋势也是剧烈增加，同样为全剖面的最高值段，均值为 2.02%，反映气候湿润。

Ⅳ阶段（42—0 cm）：LOI 值为波动减少的趋势，但总体上仍处于相对高值段，平均值为 2.69%；对应黏土颗粒含量在该阶段亦是波动减少且为第二高值段，均值为 1.16%。总体上，该阶段较上一阶段气候偏干，但就全剖面来看气候还是相对湿润的。

2. SBN-2 剖面

由表 4-15 和图 4-28 可知，SBN-2 剖面烧失量变化与黏土含量变化呈现较好的同步性，二者的相关系数为 0.463。LOI 变化趋势可以分为以下五个阶段。

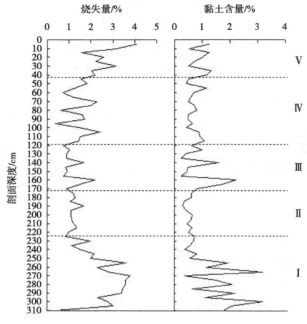

图 4-28　SBN-2 剖面烧失量及黏土含量记录

Ⅰ阶段（310—225 cm）：LOI 值处于高值段，平均值为 2.21%，总体上表现出现增加后减小的趋势；对应黏土含量也为最高值段，均值为 1.21%，反映该阶段气候湿润。

Ⅱ阶段（225—172 cm）：LOI 值相对上一阶段显著降低，均值为 1.22%；对应黏土含量也处于低值段，平均为 0.52%，说明此阶段为气候干旱期。

Ⅲ阶段（172—120 cm）：LOI 值较上阶段稍有降低且有两次明显的大幅度波动，平均值为 1.18%；黏土含量在该阶段表现出与 LOI 值类似的波动变化，也出现两次明显的波动，指示该阶段气候总体偏干，但存在次级干湿波动。

Ⅳ阶段（120—42 cm）：LOI 平均值为 1.62%，较上阶段明显增加且呈现波动增加趋势；黏土含量同样表现出波动增加趋势，但没有 LOI 变化那样明显。总体上，该阶段气候较上一阶段稍显湿润，总体上仍较干旱。

Ⅴ阶段（42—0 cm）：LOI 平均值为 2.77%，相比上阶段增加明显，尤其是表层 10 cm 以上，呈大幅度增加的态势；黏土含量呈波动变化但趋势比较平稳，总体来看，该阶段气候有由干向湿发展的趋势。

4.5 沉积物碳酸盐含量变化特征

本节对 SBN-1、SBN-2 两个剖面的碳酸盐含量进行实验分析，共分析样品 265 个，其中 SBN-1 剖面样品 110 个，SBN-2 剖面样品 155 个。两个剖面的碳酸钙含量变化比较明显，具体描述如下。

1. SBN-1 剖面

表 4-16 为 SBN-1 和 SBN-2 剖面碳酸盐含量测量的实验结果，图 4-29 和图 4-30 为碳酸盐与其他指标含量的变化及相关关系。可以看出，SBN-1 剖面沉积物碳酸盐（$CaCO_3$）含量在 2.65%—16.48%变化，平均值为 9.21%。剖面沉积物中的碳酸盐（$CaCO_3$）含量与中值粒径、黏土含量及烧失量保持着较好的相关性。其中，与中值粒径基本上呈反相关关系（相关系数 R=−0.352），与黏土含量呈高度正相关，相关系数 R=0.683；同样与烧失量也呈现高度正相关，相关系数为 0.754。这进一步说明了 SBN-1 剖面沉积物的碳酸盐主要为自生碳酸盐，而非陆源碎屑碳酸盐，同时也说明不存在因有机质分解产生酸性物质而溶解碳酸盐的现象。从整个剖面碳酸盐含量的变化情况来看，可以分为以下四个阶段。

表 4-16　SBN-1 和 SBN-2 剖面碳酸盐实验结果

SBN-1 剖面			SBN-2 剖面		
层位	深度/cm	碳酸盐含量/%	层位	深度/cm	碳酸盐含量/%
1	0—18	4.92	1	0—12	3.85
2	18—26	14.46	2	12—26	5.21
3	26—42	11.01	3	26—38	6.84
4	42—50	15.33	4	38—42	6.36
5	50—70	13.85	5	42—69	3.64
6	70—90	11.90	6	69—85	3.71
7	90—105	13.59	7	85—120	3.26
8	105—118	12.16	8	120—128	2.34
9	118—162	6.05	9	128—154	2.47
10	162—169	6.23	10	154—163	5.13
11	169—220	6.29	11	163—172	2.78
			12	172—225	3.81
			13	225—255	9.43
			14	255—263	14.12
			15	263—310	20.77

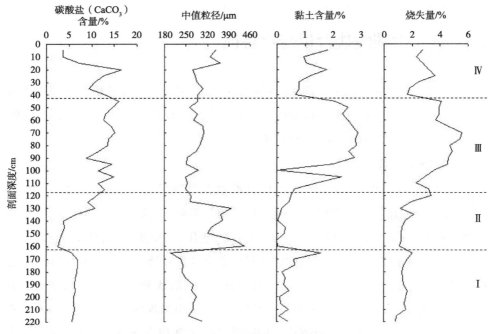

图 4-29　SBN-1 剖面碳酸盐、粒度等指标变化

Ⅰ阶段(220—162 cm):碳酸盐含量平均为 6.26%,变化范围在 5.49%—6.95%。该阶段的碳酸盐含量变化比较平稳,且相对处于中等高值区段,对应的沉积物中值粒径较小,黏土含量、烧失量中等偏高,总体反映该阶段气候相对较为湿润。

Ⅱ阶段(162—118 cm):碳酸盐平均含量为 6.05%,变化范围在 2.64%—10.85%。该阶段的碳酸盐含量较上阶段显著降低,且处于全剖面最低值区段,期间经历了几次波动变化,尤其是从剖面 140cm 处开始向上呈现快速增加趋势。该阶段对应的沉积物中值粒径最大,黏土含量最低、烧失量偏低,总体反映该阶段气候相对干旱,且经历了几次干湿波动。

Ⅲ阶段(118—42 cm):碳酸盐平均含量为 13.36%,变化范围在 8.80%—16.01%。该阶段的碳酸盐含量相对上一阶段显著增加,而且是全剖面含量最高的时段;对应沉积物中值粒径显著减小,黏土含量和烧失量则显著增加,且均处于最高值区段,因此总体上指示了该阶段为气候湿润期。

Ⅳ阶段(42—0 cm):碳酸盐含量保持较高值,但较上阶段则有所减小,平均含量为 10.13%,在 3.66%—16.48%变化,波动的幅度很大,到后期呈现剧烈减少趋势;对应沉积物中值粒径增加,黏土含量和烧失量都波动减小,总体上

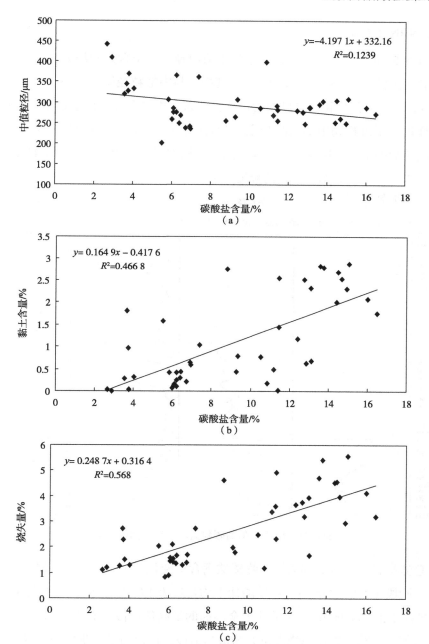

图 4-30　SBN-1 剖面碳酸盐与中值粒径、黏土、烧失量的关系

反映了气候向干旱化方向发展，但期间明显经历了多次剧烈的干湿变化。

2. SBN-2 剖面

SBN-2 剖面沉积物碳酸钙含量与中值粒径、黏土含量和烧失量有一定的对应性和相关性（图 4-31 和图 4-32），其中，与中值粒径呈反相关，相关系数为 −0.781，与黏土含量和烧失量均为正相关关系，相关系数分别是 0.523 和 0.699。这同样说明了沉积物中的碳酸盐主要为自生碳酸盐且有机质分解产生的酸性物质对碳酸盐的溶解影响甚微。SBN-2 剖面沉积物碳酸钙含量平均为 7.41%，变化范围在 1.35%—25.14%，变化的幅度较大。

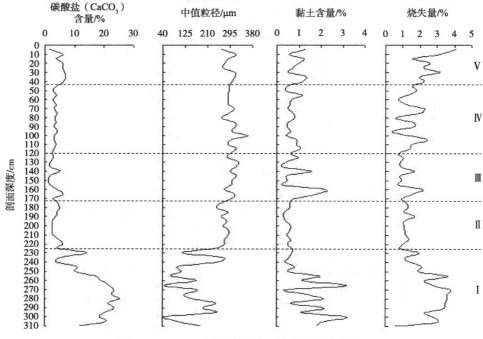

图 4-31　SBN-2 剖面碳酸盐、粒度等指标变化

总体来看，SBN-2 剖面沉积物碳酸钙含量变化分为以下五个阶段。

I 阶段（310—225 cm）：碳酸盐平均含量为 14.77%，变化范围在 3.73%—25.14%。该阶段的碳酸盐含量处于全剖面的最高值区段，对应沉积物中值粒径为最低值段，黏土含量和烧失量亦为最高值段。这说明了此阶段为气候湿润期，湖水较深，水体淡化，湖中生物条件较好。

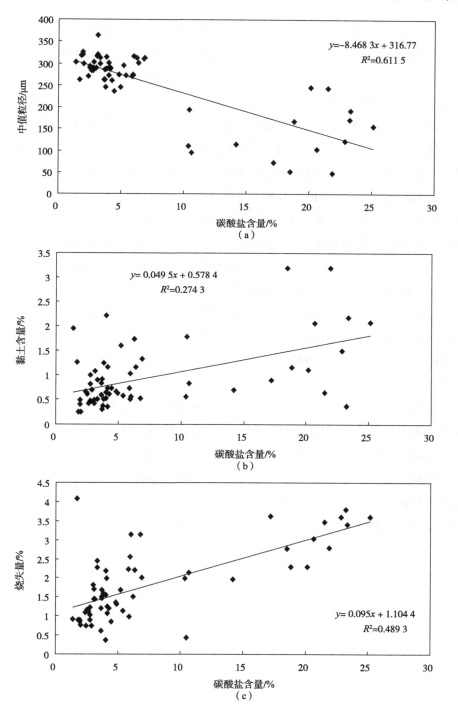

图 4-32　SBN-2 剖面碳酸盐与中值粒径、黏土、烧失量的关系

Ⅱ阶段（225—172 cm）：碳酸盐平均含量为3.81%，变化范围在2.40%—5.93%。该阶段的碳酸盐含量较上阶段显著降低，降幅为76.55%。而沉积物中值粒径则显著增大，黏土含量和烧失量显著降低，反映了该阶段气候干旱，湖泊水位显著降低，湖泊生物条件较差。

Ⅲ阶段（172—120 cm）：碳酸盐平均含量为2.96%，变化范围在1.35%—6.24%。该阶段的碳酸盐平均含量相对上一阶段稍有降低，而且是全剖面含量最低的时段；但是在该阶段前期，碳酸盐含量较高，出现几次明显的峰值，如在140 cm和165 cm处出现两次峰值，分别为5.20%和6.24%，在后期，碳酸盐含量则较低。此阶段的中值粒径相对上一阶段稍有增加，且呈现频繁的小幅波动变化，前期中值粒径平均值较小，后期则较大。黏土含量和烧失量也表现为前期高后期低的特点，且在140 cm和160 cm处出现峰值。总体来看，该阶段气候偏干，但期间经历过明显的干湿变化，出现过短暂的气候湿润期。

Ⅳ阶段（120—42 cm）：碳酸盐平均含量为3.18%，变化范围在2.87%—4.15%。该阶段碳酸盐平均含量较上一阶段升高，波动变化较平稳。中值粒径较上一阶段则稍有减小，黏土含量和烧失量有增加的趋势。总体来看，该阶段气候总体偏干，但整个时段相比上阶段稍显湿润。

Ⅴ阶段（42—0 cm）：碳酸盐平均含量为5.30%，变化范围在1.70%—6.90%。该阶段碳酸盐平均含量较上一阶段明显升高；中值粒径则稍有减小，黏土含量和烧失量有增加的趋势。但不同的是，在剖面15 cm以上，碳酸盐含量与中值粒径呈现正相关，而与黏土含量和烧失量呈现明显的反相关关系，说明这时碳酸盐含量的主导因子不是湖泊的生物生产量，而可能是温度和有效湿度等。该阶段前期相对较温湿，后期有向凉湿方向发展的趋势。

第5章 苏贝淖全新世环境演化
过程重建

5.1 沉积物剖面年代标尺的建立

恢复过去的环境演变历史需要建立较为可靠的年代序列标尺，利用不同技术手段进行足量的沉积物年代精确测定是首要前提。为了准确获取研究区高分辨率的环境演变记录，我们采用加速器质谱 ^{14}C 测年和光释光测年两种方法对研究区沉积物进行了测年。加速器质谱 ^{14}C 测年实验在中国科学院地球环境研究所加速器质谱实验室完成，光释光测年在陕西师范大学旅游与环境学院释光断代实验室完成。

5.1.1 年龄测定结果

本次沉积物测年针对研究区 SBN-1 和 SBN-2 两个剖面，共测定了 10 个光释光年代，2 个加速器质谱 ^{14}C 年代。测年结果分别见表 5-1 和表 5-2。

表 5-1 研究区光释光测年数据结果

实验室编号	野外编号	深度/cm	U/（mg/kg）	Th/（mg/kg）	K₂O/%	剂量率 Dy（Gy/ka）	等效剂量率 De（Gy）	年龄/ka
LYF-1	SBN-1-1	30	0.92	5.61	2.28	2.89±0.11	7.90±0.78	2.75±0.37
LYF-2	SBN-1-2	70	1.51	7.60	2.21	3.01±0.12	14.61±1.02	4.88±0.53
LYF-3	SBN-1-3	108	1.61	6.22	2.22	3.15±0.12	19.56±1.28	6.23±0.64
LYF-4	SBN-1-4	136	1.73	5.64	2.49	3.42±0.11	24.78±1.55	7.27±0.69
LYF-5	SBN-1-5	164	2.56	7.85	2.96	3.37±0.13	31.93±1.62	9.51±0.85
LYF-6	SBN-1-6	220	2.74	6.87	3.61	3.46±0.12	37.69±1.81	10.92±0.90
LYF-7	SBN-2-1	25	0.98	4.31	2.47	2.65±0.08	2.78±0.34	1.05±0.16
LYF-8	SBN-2-2	90	0.87	4.76	2.65	2.74±0.11	4.98±0.56	1.82±0.27
LYF-9	SBN-2-3	165	0.91	5.31	2.38	2.86±0.13	7.56±0.43	2.65±0.27
LYF-10	SBN-2-4	270	1.45	3.83	1.73	3.11±0.09	10.54±0.78	3.40±0.34

表 5-2 加速器质谱 ¹⁴C 测年数据结果

实验室编号	野外编号	深度/cm	测试材料	$\delta^{13}C$/‰	pMC/%	^{14}C 年龄/a BP
XA6568	SBN-2-C1	25	沉积物全样	−25.27±0.31	84.85±0.24	1320±22
XA6569	SBN-2-C2	270	沉积物全样	−28.04±0.32	66.39±0.22	3291±26

注：计算年龄所用的 ¹⁴C 半衰期为 5568 年，BP 为距 1950 年的年代

由表 5-1 中光释光测年数据结果可以看出，两个剖面的测年数据随剖面深度的增加，没有出现年龄的倒转现象，同时，所有沉积物样品的剂量率较为接近，保证了因不同剖面地层剂量率的不同所导致的误差降到最低（周亚丽等，2008）。此外，大量研究表明，沉积物中石英颗粒等矿物在沉积之前经过了充分的晒退，因此，实验过程中不能检测出光释光信号或只有极其微弱的光释光信号，即使是曝光时间很短或为水相沉积物，也不存在残留值的问题。所以，文中两个剖面的光释光测年结果在一定程度上是可靠的（Godfrey-Smith，1988；Wood，1994；尹功明等，1997；Rendell et al.，1994）。

表 5-2 为 SBN-2 剖面 ¹⁴C 年龄测定结果，剖面 25 cm 和 270 cm 处的 ¹⁴C 年龄分别为 1320±22 a BP 和 3291±26 a BP（均未进行校正），上下层位的年龄没有发生倒转。由表 5-1 可知，SBN-2 剖面 25 cm 和 270 cm 处的光释光年龄测定结果分别是 1050±160 a BP 和 3400±340 a BP，由此看出，两种测年方法对剖面相同层位的年龄测定结果较为接近，但稍有差异，这与 ¹⁴C 年龄未校正以及两种测年方法都存在一定误差有关。同时，通过对比两种测年方法对同一层位沉积物年龄的测定，进一步证明测年结果还是相对可靠的。

5.1.2 年代标尺的建立

1. SBN-1 剖面年代序列的建立

对于 SBN-1 剖面，我们共测试了 6 个光释光年代样，采用常用的线性内插的方式来确定全部沉积物样品的年代。图 5-1 为 SBN-1 剖面年代—深度曲线。由图 5-1 可以看出，沉积物样品年龄与剖面深度的线性相关程度很高，相关系数为 0.983。因此，利用线性拟合方程可以建立沉积物剖面的年代序列。假定各相邻年代数据之间的沉积速率是稳定的，分阶段建立不同的线性拟合方程，利用内插或外推的方式确定不同层位的年龄。后面章节中关于 SBN-1 剖面沉积物所指示的古环境随年代的变化都是依据图 5-1 中年代—深度关系曲线所建立的线性拟合方程确定的。

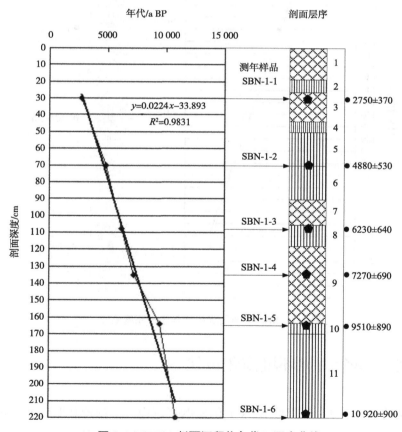

图 5-1 SBN-1 剖面沉积物年代—深度曲线

2. SBN-2 剖面年代序列的建立

如图 5-2 所示，我们利用 SBN-2 剖面的 4 个光释光年代（^{14}C 年龄作为参考）绘制了年代—深度曲线，并作了线性回归。样品年龄与剖面深度的线性相关程度很高，相关系数达到 0.992。对于 SBN-2 剖面不同层位界线的年龄确定，同样利用相邻两个测年数据建立的线性拟合方程，然后采取线性内插或外推得到。

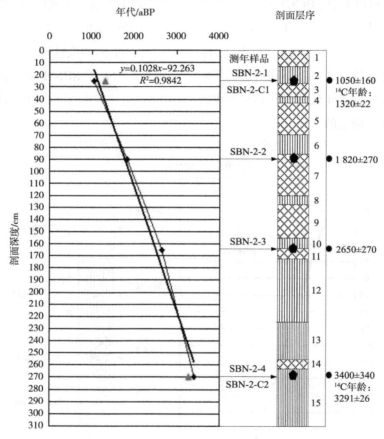

图 5-2　SBN-2 剖面沉积物年代—深度曲线

5.2　苏贝淖全新世环境演化重建

前文的论述表明，研究区 SBN-1 和 SBN-2 剖面沉积物较好地记录了苏贝淖湖区全新世的环境演化过程。通过对两个剖面沉积物的粒度、磁化率、地球化学元素、烧失量及碳酸盐等指标的综合分析，结合沉积物的岩性、颜色、构造等沉积学特征，以相对可靠的剖面年代序列为框架，将各种环境代用指标转换为时间标尺，分阶段重建了 SBN-1 和 SBN-2 剖面沉积物记录的古环境演化。各代用指标的环境指示意义在前文已经进行了详细的论述，因此，对于个别指示意义不明确的环境指标本书弃之不用，以降低环境重建的不确定性。

5.2.1　SBN-1 剖面沉积物环境代用指标综合分析

对 SBN-1 剖面沉积物进行光释光测年，同时结合年代学研究，可以认为该剖面沉积物基本上完整地记录了全新世以来的环境变化。根据剖面的沉积特征，以及沉积物粒度、磁化率等多环境指标的综合分析，将 SBN-1 剖面划分为了四个变化阶段（图 5-3 和图 5-4），分别命名为 I 阶段（220—162 cm）、II 阶段（162—118 cm）、III 阶段（118—42 cm）和 IV 阶段（42—0 cm）。根据前文建立的剖面年代序列，推算四个阶段的年龄分别为 10 920—9380 a BP、9380—6620 a BP、6620—3380 a BP 和 3380—0 a BP。各阶段的古环境演化情况如下。

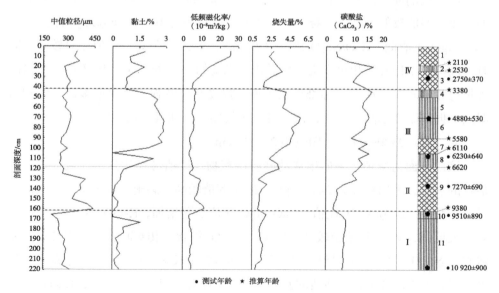

图 5-3　SBN-1 剖面粒度、磁化率、烧失量、碳酸盐年代序列

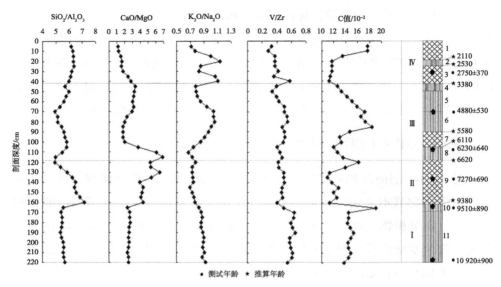

图 5-4　SBN-1 剖面地球化学指标年代序列

Ⅰ阶段：10 920—9380 a BP（220—162 cm）。

该阶段剖面为浅红褐色、深灰色细砂组成的砂质沉积物，中值粒径相对较细，磁化率值较低，黏土、烧失量、碳酸盐含量中等偏高，SiO_2/Al_2O_3 比值低、CaO/MgO 比值低、K_2O/Na_2O 比值中等偏高、V/Cr 比值高、C 值相对较高；同时，Fe_2O_3、Al_2O_3 等相对富集，性质较为稳定的 Cr、Ni、Ti、V 等微量元素的含量也相对较高，所有指标都反映了该阶段夏季风较强，降水偏多，气候相对湿润，但是温度不高。总之，该阶段处于气候冷湿期且比较稳定。

Ⅱ阶段：9380—6620 a BP（162—118 cm）。

该段剖面为灰黄色中砂组成的砂质沉积物，中值粒径达到剖面最大值，是最粗的一层，平均粒径为 341.56 μm，磁化率值较高，黏土、烧失量、碳酸盐含量显著减少，SiO_2/Al_2O_3 比值、CaO/MgO 比值显著增加，K_2O/Na_2O 比值、C 值则为最低值，V/Cr 比值也较低，Fe_2O_3、Al_2O_3 等含量相对减少，稳定性过渡元素 Cr、Ni、Ti、V 等的含量也有所降低，SiO_2 含量较多，总体上指示了夏季风强度很弱，冬季风加强，风沙活动盛行，气候干燥且气温较低。总之，该阶段处于气候干冷时期，但同时存在明显的次一级干湿冷暖波动，如在 8450 a BP（150 cm）前后，气候相对温湿，而该阶段后期气候也向温湿方向发展。

Ⅲ阶段：6620—3380 a BP（118—42 cm）。

该阶段剖面主要为浅灰色、深灰色极细砂、细砂组成的砂质沉积物，夹浅灰色中砂层。中值粒径显著降低，黏土含量在全剖面中达到最大，磁化率值降低，烧失量、碳酸盐含量也达到剖面的最大值，SiO_2/Al_2O_3 比值和 CaO/MgO 比值较显著降低，K_2O/Na_2O 比值、C 值则显著升高，V/Cr 比值也相对增加，Fe_2O_3、Al_2O_3 等元素含量相对增加，Ni、Ti、V 等元素的含量升高，SiO_2 的含量减少，所有指标都指示了此阶段气候发生了较大的转折，夏季风较强，冬季风减弱，风沙活动较弱，降水增加，植被发育，气温较高。总之，该阶段处于气候温湿期，为全新世中最适宜的时期。此外，该阶段存在一次较为明显的气候干冷突变事件，即在 6110—5580 a BP（105—90 cm），几乎所有的指标都反映气候较为干冷。

Ⅳ阶段：3380—0 a BP（42—0 cm）。

该阶段剖面主要为浅灰色、灰黄色中砂组成的砂质沉积物，夹深灰色细砂层。该段大部分代用指标呈现波动变化且幅度较大，中值粒径为波动增大的趋势，黏土、烧失量和碳酸盐含量呈波动减少趋势，SiO_2/Al_2O_3 比值增加，V/Cr 比值减小，C 值先减后增，Fe_2O_3、Al_2O_3 等元素含量相对减少，SiO_2 含量呈小幅波动增加趋势，Cr、Mn、Ni、Ti、V、Y 等微量元素的含量相对较低，总体上反映了该阶段气候向干凉方向发展，但可以进一步分为次一级的冷暖干湿波动，分别为：3380—2530 a BP（42—26 cm），此段气候由相对温干转为相对凉干；2530—2110 a BP（26—18 cm），此段气候向温湿转变；2110—0 a BP（18—0 cm），此段气候由温湿向凉干转变。但需要注意的是，在该阶段剖面表层 10 cm 以上，黏土、烧失量和碳酸盐含量有增加的趋势，这可能与剖面表层受弱成土作用及人类活动的强烈影响有关。

5.2.2 SBN-2 剖面沉积物环境代用指标综合分析

根据 SBN-2 剖面沉积物光释光测年结果，通过年代学分析，认为该剖面沉积物记录了晚全新世以来的环境变化。依据剖面的沉积学特征，以及沉积物粒度、磁化率、烧失量等多环境指标的综合研究，将 SBN-2 剖面划分为五个变化阶段（图 5-5 和图 5-6），分别命名为 Ⅰ 阶段（310—225 cm）、Ⅱ 阶段（225—172 cm）、Ⅲ 阶段（172—120 cm）、Ⅳ 阶段（120—42 cm）和 Ⅴ 阶段（42—0 cm）。

根据建立的剖面年代序列，利用线性内插和外推方法推算五个阶段的年龄分别为：3680—3080 a BP、3080—2700 a BP、2700—2150 a BP、2150—1250 a BP、1250—0 a BP。各阶段的古环境演化情况如下。

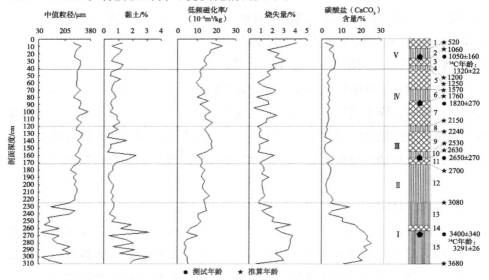

图 5-5　SBN-2 剖面沉积物粒度、磁化率、烧失量、碳酸盐年代序列

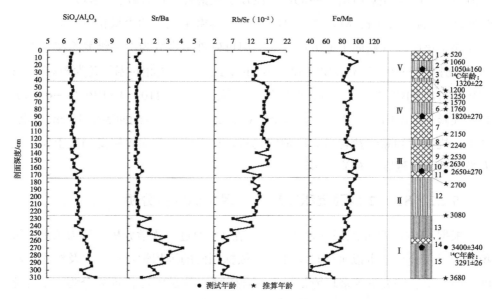

图 5-6　SBN-2 剖面沉积物地球化学指标垂向变化

Ⅰ阶段：3680—3080 a BP（310—225 cm）。

该阶段剖面主要为灰黄色、黑色极细砂夹灰黄色中砂组成的泥质砂层。中值粒径为整个剖面的最低值，磁化率值最低，黏土、烧失量和碳酸盐含量为剖面最高值，SiO_2/Al_2O_3 比值和 Sa/Ba 比值高、Rb/Sr 比值低、Fe/Mn 比值低，Fe_2O_3、CaO 等元素含量较多，Cu、Mn、Ni、V 及惰性元素 Ti、Y 等相对富集，反映气候条件较好，降水较多，湖泊为深水还原环境。该阶段气候总体温湿。

Ⅱ阶段：3080—2700 a BP（225—172 cm）。

该阶段剖面主要为黑色细砂组成的砂质沉积物。中值粒径较上阶段变粗，磁化率值升高，指示风沙活动盛行，入湖风沙增加；黏土、烧失量和碳酸盐含量都同步减少，指示湖中生物生产量减少，温度不高；SiO_2/Al_2O_3 比值降低、Rb/Sr 比值升高，Sr/Ba 比值显著降低，Fe/Mn 比值较高，指示源区化学风化较弱，湖泊水位较低，相对处于氧化环境；同时，Fe_2O_3、CaO、MgO、Mn、Cu、Ni、V、Zr、Y 等元素的含量均降低，总体上指示了该阶段气候干凉，风沙活动强烈，湖泊萎缩，湖水变浅。

Ⅲ阶段：2700—2150 a BP（172—120 cm）。

该阶段剖面主要为灰黑色、黑色中砂夹细砂组成的砂质沉积物。中值粒径相比上阶段稍有增加，磁化率值升高，黏土含量在该阶段出现两次明显的峰值，分别位于剖面 145 cm 和 165 cm 处，故其平均值较上阶段稍有增加，对应烧失量和碳酸盐含量都出现类似的变化，说明该段气候仍处于干旱期，湖泊水位较低，但在此期间曾先后出现两次短暂的多雨期，对应湖泊先后维持了历时较短的高水位期。这一时期 SiO_2/Al_2O_3 比值略有降低，Sr/Ba 比值变化不明显，Rb/Sr 比值和 Fe/Mn 比值稍有升高，Fe_2O_3、CaO、MgO、Mn、Cu、Ni、Y 等元素含量也出现相应的变化特征，且所有指标均在剖面 145 cm 和 165 cm 处出现峰值或谷值，进一步印证了该阶段为干凉气候期，且存在明显的次一级冷干—暖湿气候波动。

Ⅳ阶段：2150—1250 a BP（120—42 cm）。

该段剖面主要为灰黑色中砂夹细砂组成的砂质沉积物。中值粒径较上阶段变化不大，粒度频率曲线上虽为双峰分布，但次峰很弱；磁化率值略有升高，代表流水沉积作用很弱，风力沉积作用较强；黏土和碳酸盐含量稍有降低，烧失量较上阶段总体变化不大，但波动频繁且幅度较大，指示气候不够稳定；

SiO_2/Al_2O_3 比值和 Rb/Sr 比值变化不明显，Sr/Ba 比值、Fe/Mn 比值较高；Fe_2O_3、CaO、MgO、Mn、Cu 等元素含量变化也不明显，总体反映该阶段气候凉偏干，风沙活动较强，湖泊水位总体较低。此外，该阶段环境代用指标反映的气候可分为三个亚阶段，即 120—85 cm（2150—1760 a BP）、85—69 cm（1760—1570 a BP）、69—42 cm（1570—1250 a BP），其中 120—85 cm（2150—1760 a BP）气候相对寒冷干燥；85—69 cm（1760—1570 a BP）气候相对潮湿；69—42 cm（1570—1250 a BP），前期干凉后期相对潮湿。

V 阶段：1250 a BP 以来（42—0 cm）。

该阶段剖面主要为灰黑色中砂、细砂及灰黄色中砂组成的砂质沉积物。中值粒径稍有降低，黏土、烧失量、碳酸盐含量波动增加，SiO_2/Al_2O_3 比值变化不明显，Rb/Sr 比值降低，Sr/Ba 比值、Fe/Mn 比值升高，Fe_2O_3、CaO、MgO、Mn、Ni、Zr、Y、Zn 等元素含量略有升高，指示了该阶段气候总体温干偏湿，后期偏凉干，湖泊水位较上阶段略有上升。

5.2.3　苏贝淖全新世以来的环境演化历史

本书基于苏贝淖湖区 SBN-1 和 SBN-2 两个剖面沉积物建立的年代序列框架，选取多个常用的具有一定环境指示意义的代用指标，对苏贝淖流域全新世的古气候与环境演化进行重建。前文的分析表明，SBN-1 和 SBN-2 两个剖面沉积物年代分属全新世的不同时期，SBN-1 剖面沉积物几乎记录了整个全新世以来的环境变化，而 SBN-2 剖面沉积物反映的是晚全新世以来的环境变化。SBN-2 剖面位于苏贝淖湖盆西南部干涸的湖芯地带，SBN-1 剖面位于 SBN-2 剖面的南部湖滨地区，两个剖面距离较近，处于相同的气候植被带，其古气候与环境演化的驱动机制是一致的，故其环境演化模式应该是相同的。因此，本书将两个剖面沉积物所反映的环境变化进行纵向对比（图 5-7），在此基础上恢复苏贝淖流域全新世以来的环境演化历史。

根据前文对 SBN-1 和 SBN-2 两个剖面沉积物的多代用指标综合分析，结合图 5-7 两个剖面的年代序列及剖面层序对比，可以看出，两个剖面的沉积速率有很大差别，SBN-1 剖面的平均沉积速率为 0.02 cm/a，而 SBN-2 剖面的平均沉积速率达到 0.10 cm/a。但是，两个剖面沉积物代用指标反映的环境变化在晚全新世以来具有较好的对应性。SBN-2 剖面沉积物底界（310 cm）线性推算年龄为

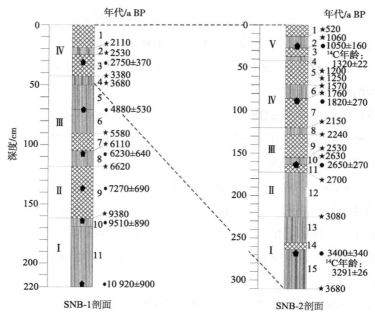

图 5-7　SBN-1 和 SBN-2 剖面沉积物年代序列对比

3680 年,对应 SBN-1 剖面年龄为 3680 年的沉积物大致位于剖面 48 cm 处;SBN-2 剖面底部 310—225 cm(3680—3080 a BP)段为黑色泥质极细砂组成的砂质沉积物,对应 SBN-1 剖面 48—42 cm(3680—3380 a BP)段为深灰色泥质极细砂组成的砂质沉积物,结合两个剖面其他环境代用指标反映的环境变化特征,表明两个剖面在这个时段均为温湿气候。SBN-2 剖面 225—172 cm(3080—2700 a BP)段沉积物主要为黑色细砂组成的砂质沉积物,粒径变粗,其他代用指标反映该阶段气候凉干,对应 SBN-1 剖面 225—172 cm(3380—2530 a BP)段沉积物主要为浅灰色中砂组成的砂质沉积物,粒级也变粗,其他代用指标也反映该段相对较为凉干。此外,SBN-2 剖面在 2530—2110 a BP 和 2110 a BP 以来的气候表现分别是相对温湿和相对凉干,而 SBN-2 剖面在 2630—2530 a BP、2240—2150 a BP 及 2150 a BP 以来的气候分别表现为相对温湿、相对温湿和相对凉干。

　　通过对 BN-1 和 SBN-2 两个剖面沉积物的年代框架及各代用指标的环境意义进行分析,我们认为两个剖面沉积物在晚全新世以来的环境演化模式基本一致,具有很好的对应性,不同的是各气候演化阶段的起止时间存在一定差异,这种差异可能是由测年误差引起的。综上所述,对于苏贝淖流域环境演化的重建，全新世早期及中期的环境演化我们利用 SBN-1 剖面来建立，而晚全新世的环境演化则用 SBN-2 剖面来建立。环境演化重建结果如下。

Ⅰ阶段：10920—9380 a BP，对应 SBN-1 剖面 220—162 cm 段，气候冷湿且稳定，湖泊维持高水位。

Ⅱ阶段：9380—6620 a BP，对应 SBN-1 剖面 162—118 cm 段，气候干冷，湖泊水位较低。该阶段存在明显的干湿冷暖波动，在 8450 a BP（150 cm）前后和该阶段末期气候相对温湿。

Ⅲ阶段：6620—3380 a BP，对应 SBN-1 剖面 118—42 cm 段，处于气候温湿期，为全新世中最适宜的时期，湖泊扩张，水位较高；期间在 6110—5580 a BP（105—90 cm）出现明显的气候干冷突变事件，在该阶段末期气候相对较凉湿。

Ⅳ阶段：3380—3080 a BP，对应 SBN-2 剖面 268—225 cm 段，气候总体温湿，湖泊水位较高但逊于上一阶段。

Ⅴ阶段：3080—2700 a BP，对应 SBN-2 剖面 225—172 cm 段，气候干凉，湖泊萎缩，湖水变浅。

Ⅵ阶段：2700—2150 a BP，对应 SBN-2 剖面 172—120 cm 段，气候总体干凉，存在短暂的湿润期，湖水较浅但有明显的幅度较大的高低水位波动。

Ⅶ阶段：2150—1250 a BP，对应 SBN-2 剖面 120—42 cm 段，气候总体干凉，变化相对频繁，湖泊水位总体较低，波动较频繁。存在明显的亚阶段：2150—1760 a BP（120—85 cm）气候相对寒冷干燥；1760—1570 a BP（85—69 cm）气候相对潮湿；1570—1250 a BP（69—42 cm），前期干凉后期相对潮湿。

Ⅷ阶段：1250 a BP 以来，对应 SBN-2 剖面 42—0 cm 段，气候总体温干偏湿，后期偏凉干，湖泊水位较上阶段略有上升。

5.3 苏贝淖全新世环境记录与区域气候的对比及讨论

苏贝淖地处内蒙古南部鄂尔多斯高原的毛乌素沙漠地区，属于温带半干旱极端大陆性气候区，降水稀少且分布不均，风沙活动盛行。降水变化是气候干湿变化的直接影响因素，区域内沙漠的退缩与扩张、古土壤的形成、湖泊水位的波动、沼泽湿地的发育等都与气候的干湿变化息息相关。因此，通过这些对气候变化敏感的环境信息载体研究区域环境的演化过程对于认识全球环境变化及其区域响应具有重要意义。

目前，关于鄂尔多斯高原地区气候变化的研究对象主要是风成沉积、河湖沼相沉积及孢粉，其中有很多研究工作集中在全新世的气候环境演化。例如，邵亚军（1987）、陈渭南等（1993，1994a，1994b）、李小强等（2000）、许清海（2004）、Chen 等（2003）、郭兰兰（2005）、黄昌庆等（2009）、曹广超等（2008）、王继夏（2009）等以及董光荣、翟秋敏、李保生诸多学者通过对不同沉积地层剖面的研究，提供了丰富的区域古环境演化记录，同时为我们进行后续的研究工作提供了很有价值的参考和借鉴。苏贝淖湖区剖面沉积物记录与鄂尔多斯高原其他区域的气候记录具有很好的对应性。

本书利用苏贝淖湖区 SBN-1 和 SBN-2 两个剖面沉积物建立的研究区全新世以来的环境演化历史表明：10.9—9.3 ka BP，气候冷湿且稳定，湖泊维持高水位。陈渭南等（1993）利用孢粉组合对毛乌素沙地全新世的气候变迁进行了研究，认为 11.0—9.8 ka BP，气候较为寒冷，但降水较多，植被盖度高；苏志珠等（1999）对位于毛乌素沙地南缘的海则滩湖沼相沉积剖面进行了高分辨率的古气候研究，结果表明，10.0—8.5 ka BP，气候以温湿为主，但是在 10.0—9.5 ka BP，曾出现短暂的寒冷降温事件，相当于欧洲北大西洋时期的新仙女木（Younger Dryas）寒冷期；魏东岩等（1995）研究了鄂尔多斯盐湖近 23 ka 以来的古气候波动，认为 10.8—10.5 ka BP，气候冷湿，相当于 Younger Dryas 冰阶，10.5—9.26 ka BP，气候凉湿，相当于北欧的前北方期（Preboreal）；翟新伟（2008）对鄂尔多斯高原柒盖淖的湖泊沉积记录的研究结果显示，10.2—9.2 ka BP，气候较恶劣，干燥寒冷，对应 Younger Dryas 事件。

9.3—6.6 ka BP，苏贝淖剖面沉积物记录的气候相对干冷，湖泊水位较低，且存在次一级干湿变化，在 8.4 ka BP 前后及后期（7.2 ka BP 以后）气候相对温湿。陈渭南等（1993）研究认为，9.8—8.5 ka BP，毛乌素地区气候由冷干向凉干转变，是一个气候过渡期；8.5 ka BP 以来，气温和降水缓慢增加；到 7.5—7.0 ka BP，温度最高，降水也最多，为全新世的最佳时期。柒盖淖的湖泊沉积记录显示在 9.2—6.8 ka BP，气候波动频繁，降水少且相对寒冷；此外，毛乌素沙地在 8.67 ka BP 前后发育了深棕褐色的黏土层，表明当时降水相对较多（翟新伟，2008）。

6.6—3.3 ka BP 为气候温湿期，湖泊扩张，水位较高，为全新世大暖期中的气候适宜期，但在 6.1—5.5 ka BP 曾出现短暂的气候干旱事件。鲁瑞洁等（2010）通过对毛乌素沙地东南缘三道沟剖面的沉积学分析，得出 6.3—3.5 ka BP 气候总体温暖湿润，尤其在 6.3—5.0 ka BP，是气候条件最为暖湿的时期。高尚玉等（1993）对三道沟剖面的分析指出，自 9.56±0.16 ka BP 以来，剖面连续发育了多层砂质古土壤，其中以 7.43±0.13—5.0 ka BP 的古土壤发育程度最好，说明此时段为气候最好的时段。王继夏（2009）研究了浩通音查干淖的湖泊沉积记录，指出 4.8—3.1 ka BP 为全新世气候的最佳时期。翟新伟（2008）对柒盖淖的湖泊沉积研究得出 6.6—3.3 ka BP 为全新世气候适宜期。此外，该阶段所指示的气候适宜期在其他地区也有相应的记录，如刘子亭等（2008）对内蒙古黄旗海沉积物的研究指出，6.8—3.8^{14}C ka BP，气候温暖湿润且较稳定，湖泊水位变化不大；孙千里等（2006）的研究也认为，内蒙古岱海流域在 6.7—3.5 ^{14}C ka BP，降水较多，植被盖度好，因此该阶段可能是全新世的气候适宜期，而不是惯认的全新世或中全新世的早期；关友义（2010）研究认为，地处内蒙古浑善达克沙地东南缘的浩来呼热地区在 6.71—2.89 cal ka BP，气候条件较好，植被生长茂盛，为全新世气候适宜期。这些研究成果都与本书所确定的苏贝淖流域的气候适宜期具有较好的对应性。

3.3ka BP 以来，苏贝淖流域气候整体上以凉偏干为主，气候逐渐恶化，风沙活动加强，湖泊水位逐渐下降以致最终干涸消失。该阶段气候波动很频繁，并不稳定，出现多次干湿冷暖波动变化，具体如下。

（1）3.3—3.0 ka BP，气候相对温湿，为全新世气候适宜期向凉干气候转化的过渡期。陈渭南等（1993）选择榆林神木何家梁、高家村、内蒙乌审旗桃包等 15 个地层研究了毛乌素沙地全新世的气候变化，结果表明，4.1—3.0 ka BP，孢粉分析显示植被为灌木及草本植物组成的典型草原，对应龙山文化和夏、商时代的温暖时期，气候温暖稍湿。黄昌庆等（2009）利用孢粉对巴汗淖的湖泊沉积物进行了较为详细的研究，指出 3.4—2.7 ka BP 是继中全新世适宜期后气候向干旱化发展的过渡期，气候相对温暖偏湿，但较适宜期有所恶化。魏东岩等（1995）研究认为，鄂尔多斯地区在 4.0—2.3 ka BP 气候温暖、干偏湿，相当于北欧亚北方气候期（Subboreal）及我国北方气候分期的龙山—夏商温暖时期；关友义（2010）、赵志丽（2011）的研究分别指出浩来呼热地区在 3.98—2.89 ka BP、黄旗海流域在 3.4—3.1 ka BP 都为气候温湿期。

（2）3.0—2.7 ka BP，气候干凉，湖泊萎缩，湖水变浅。陈渭南等（1993）研究指出，毛乌素地区在 3.0—2.7 ka BP 气候干燥寒冷，并有过流沙活动；王继夏（2009）认为浩通音查干淖湖区在 3.0—2.7 ka BP 为气候冷干期。

（3）2.7—2.1 ka BP，气候总体干旱，且存在短暂的湿润期。陈渭南等（1993，1994a，1994b）认为在 2.7—2.0 ka BP，毛乌素地区植被为耐旱的草本、灌丛所组成的干草原，气候温和偏湿，这样的气候条件支持了秦朝和汉朝在此的农业开发和戍边活动；李华章等（1992）对内蒙古岱海、黄旗海的湖泊沉积研究结果显示，3.0 ka BP 以来，该地区气候温凉偏干，湖面波动收缩，且分别在 2450 ±80^{14}C a BP 和 2115± 80^{14}C a BP 为湖面短暂上升期；王继夏（2009）对浩通音查干淖的湖泊沉积记录研究指出，2.7—2.0 ka BP 气候相对较为温湿。

（4）2.1—1.2 ka BP，气候总体凉偏干，波动频繁。陈渭南等（1993）认为毛乌素地区在 2.0 ka BP 以来，气候的总体表现是温凉偏干，其中 2.0—1.6 ka BP，气候干燥寒冷，对应我国东汉至十六国时期的干冷气候期；何彤慧等（2006）研究了历史时期毛乌素沙地的生态环境背景及其后果，指出东汉（公元 25—220年）至十六国（公元 304—439 年）及其以后的几百年时间，尤其是南北朝（公元 420—589 年）时期，毛乌素地区风沙活动强烈，植被退化，湖泊萎缩，气候相对干冷；王继夏（2009）研究认为，浩通音查干淖湖区 2.0—1.5 ka BP 为冷干气候期。

（5）1.2 ka BP 以来，气候总体温干，稍偏湿，但在后期偏凉干。魏东岩等（1995）研究认为鄂尔多斯地区在 1.0—0.88 ka BP，气候暖干偏湿，对应我国隋唐时期的温湿期，而 0.88 ka BP 以来气候转为凉（冷）湿；陈渭南等（1994a，1994b）也认为毛乌素地区在 1.5—1.0 ka BP 曾一度比较湿润，在该时期发育有成壤作用较差的薄层古土壤；内蒙古浑善达克沙地在 1.3—0.7 ka BP 发育了类似的古土壤，说明湿润程度并不高（靳鹤龄等，2004），在后期（700—200 a BP）出现降温事件，对应小冰期的寒冷事件。

从以上的气候记录对比分析可以看出，苏贝淖湖区沉积剖面记录的该地区全新世以来的气候环境演化与多数学者对相关区域的研究成果相比，在大趋势上保持了较好的一致性，即区域气候在全新世依次经历了早期的冷湿、干冷和波动升温期，中期的气候适宜期，以及晚期的波动降温期，说明各区域气候环境的演变共同受全球气候变化大背景的影响。当然，不同研究者对不同地区或同一地区的研究结果也存在一定的差异或分歧，主要表现在各气候演变时段的起止时间以及各阶段不同时期的干湿冷暖程度，也即水热组合情况。例如，多数研究者认为中全新世存在气候适宜期且维持时间较长，但气候适宜期的时段分布却不尽相同。高尚玉等（1993）认为7.43±0.13—5.0 ka BP为毛乌素地区全新世水热组合的最佳时段；鲁瑞洁等（2010）研究的结论是毛乌素地区在6.3—5.0 ka BP为气候条件最为暖湿的时期；刘子亭等（2008）指出内蒙古黄旗海地区的气候适宜期出现在6.8—3.8^{14}Cka BP；王继夏（2009）的研究结果表明4.8—3.1 ka BP为鄂尔多斯地区全新世气候的最佳时期；翟新伟（2008）对柴盖淖的湖泊沉积研究得出6.6—3.3 ka BP为全新世气候适宜期，这与本书的研究结论基本吻合，等等。出现这种差异的可能原因表现在以下几方面：一是不同地区的大气环流状况有所差别；二是不同研究者所使用的环境代用指标不同，而不同指标对环境的敏感程度有很大差异；三是取样的时间分辨率不尽相同；四是测年方法及测年误差不同。

此外，还有部分研究者认为中全新世气候总体干旱，如Chen等（2003）利用多指标对位于库布齐沙漠内部的盐海子沉积物进行分析，结果显示8.0—4.3 ka BP为全新世气候十分干旱的时期，但在13.8—8.0 ka BP、6.4—5.8 ka BP、4.3—2.0 ka BP为相对湿润的阶段，且4.3—2.0 ka BP阶段为气候适宜期。周卫建等（1998）和李小强等（2000）等利用孢粉对榆林地区靖边县的杨桃峁和糜地湾沉积剖面进行了研究，认为7.5—4.5 ka BP，地层剖面中孢粉浓度较低，荒漠植被占优势，因此该地区在此阶段降水较少，有效湿度较低，区域气候干旱。许清海等（2004）也认为鄂尔多斯高原中全新世存在气候干旱波动，时间大概在6.0—5.0 ka BP；吴文祥和刘东生（2002）、史培军（1991）等对鄂尔多斯地区的考古研究也表明在5.5 ka BP前后出现干旱化事件。本书的研究结果显示，苏贝淖流域在6.6—3.3 ka BP为温湿条件最佳的时段，为气候最适宜期，在此期间，6.1—5.5 ka BP曾出现短暂的气候干旱事件，因此，我们倾向于认同中全新世气候总体温湿的观点，且认为存在气候干旱事件，只不过干旱事件的分布时段及程度存在差异。

对于中全新世气候适宜程度的问题，高尚玉等（1993）在《全新世中国季风区西北缘沙漠演化初步研究》一文中指出，中国季风区西北边缘沙漠长期演化的总体格局是流沙、固定与半固定沙丘共存，在沙漠总体上处于相对固定的时期，流沙活动在少部分区域依然存在，造成不同区域的气候适宜程度存在差异，这也许是较为合理的解释。总之，对于中全新世鄂尔多斯高原气候总体干旱的观点我们还需进一步研究和考证。

第6章 结 语

6.1 结论

在对苏贝淖湖区及周边地区环境考察的基础上，利用沉积学、地球物理指标和化学指标对湖区两个剖面沉积物进行综合分析，并以可靠的年代序列为框架，恢复了苏贝淖流域全新世以来的气候环境演化序列。通过研究区与周边区域环境演化的对比研究，进一步加深了对鄂尔多斯高原全新世环境演变的阶段性及气候突变事件的理解和认识。本书主要研究结论如下。

（1）选用苏贝淖湖区 SBN-1（剖面深度 220cm）和 SBN-2（剖面深度 310cm）两个剖面的沉积物全样，用加速器质谱 ^{14}C 测年及光释光测年方法测定了 12 个样品年龄。结果显示 SBN-1 剖面的底界年龄为 10 920 a BP，是一个几乎贯穿整个全新世的沉积剖面，而 SBN-2 剖面底界的推算年龄为 3680 a BP，为晚全新世沉积剖面。同时，我们将 SBN-2 剖面相同层位的 ^{14}C 测年和光释光测年结果进行了对比，结果发现二者在误差允许范围内是比较接近的，说明本次测年结果是相对可靠的。以两个剖面的年龄测定结果为依据，建立了苏贝淖流域全新世（10 920 a BP）以来的沉积年代序列。

（2）对各代用指标的环境意义进行正确合理的解释是恢复古气候的重要前

提。本书通过对剖面沉积物的粒度、磁化率、地球化学元素等指标的分析，同时参考前人对各代用指标环境指示意义的研究结果，综合考虑苏贝淖流域的实际情况，对各代用指标的环境意义做了解释，并就部分代用指标在不同研究区域环境指示的差异性进行了探讨。各代用指标在本研究区沉积物剖面中的具体环境意义如下。

本书研究的时间尺度（全新世以来）较长，沉积物粒径增大反映冬季风加强，风沙活动强烈，气候干旱，湖泊萎缩；沉积物粒径减小，反映夏季风加强，风沙活动减弱，气候湿润，湖泊扩张。

沉积物磁化率主要与砂粒级和粉砂粒级，尤其是砂粒级的粗颗粒物质呈正相关，而与其他粒级的沉积物呈反相关或相关性很小，因此我们认为沉积物中的磁性矿物主要来自风成沙。磁化率高，反映风沙活动较强，气候干旱，反之亦然。

对于地球化学指标，通过分析我们发现，相对而言，常量元素组分中 SiO_2 含量的峰值及微量元素 Ni、Y、Zn、Cu 等含量的谷值对应风成沙沉积层位，但在河湖沼相沉积层中分别对应谷值和峰值；而 Fe_2O_3、CaO、MgO 等含量的峰值则对应粒径较细的河湖沼相层位，谷值落在风成砂沉积层。因此，部分常量元素或微量元素的含量表现出类似于沉积物粒级的"由粗变细"或"由细变粗"的沉积旋回特征。结合元素在表生地球中的化学行为及本研究区特殊的地貌形态特征，我们认为 Fe_2O_3、CaO、MgO、Ni、Y、Zn、Cu 等常量元素组分和微量元素相对富集对应河湖相沉积，反映气候相对温暖湿润，反之则相对寒冷干燥。对于绝大多数元素对比值的环境意义，本书的解释与前人的研究成果是一致的，存在的分歧主要是 Sr/Ba 比值的指示意义。前人通过研究指出湖泊沉积物中低 Sr/Ba 比值指示气候湿润，湖泊扩张，盐度降低，但在本书中，低 Sr/Ba 比值不再指示气候湿润，而是指示干旱气候，这可能与沉积物中含有大量的风成砂有关。

本书利用沉积物的烧失量来代表有机质含量，烧失量较大反映气候湿润，烧失量较小则反映气候干旱。

沉积物中的碳酸盐主要是自生碳酸盐，碳酸盐含量与烧失量代表的有机质含量呈现正相关关系，故高碳酸盐含量指示气候湿润，反之则指示气候干旱。

（3）综合分析 SBN-1 和 SBN-2 两个剖面沉积物的粒度、磁化率、地球化学元素、烧失量和碳酸盐五大类代用指标的变化特征及环境指示意义，重建了苏贝淖流域全新世以来的环境演化历史，即 10 920—9380 a BP，气候冷湿且稳定，湖泊维持高水位；9380—6620 a BP，气候干冷，湖泊水位较低；6620—3380 a BP，气候温湿，为全新世中最适宜的时期，湖泊扩张，水位较高；3380—3080 a BP，气候总体温湿，湖泊水位较高但逊于上一阶段；3080—2700 a BP，气候干凉，湖泊萎缩，湖水变浅；2700—2150 a BP，气候总体干凉，稍偏湿，湖水较浅但有明显的高低水位波动；2150—1250 a BP，气候总体干凉，且很不稳定，湖泊水位总体较低，波动频繁；1250 a BP 以来，气候总体温干，稍偏湿，后期偏凉干，湖泊水位较上阶段略有上升。

（4）通过 SBN-1 和 SBN-2 两个剖面沉积物记录与前人对鄂尔多斯高原及周边地区沉积记录的对比研究表明，气候环境演化模式既具有一致性，也有差异性。一致性体现在苏贝淖流域这种早全新世气候冷湿、干冷，中全新世温暖湿润（气候适宜期）、晚全新世总体干凉的气候演化模式，不仅在鄂尔多斯高原地区，而且在内蒙古其他地区的众多研究点都有类似的表现，说明区域气候环境的演变共同受全球气候变化大背景的影响；差异性则主要体现在各气候演化时段的起止时间及各阶段不同时期的水热组合条件有所不同，这与不同地区大气环流的差异、使用不同的环境代用指标、不尽相同的取样时间分辨率及不同的测年方法及测年误差等诸多因素有关。

（5）苏贝淖湖区沉积剖面的多指标记录显示 6.6—3.3 ka BP 是全新世水热组合条件最佳的气候适宜期，这得到了鄂尔多斯高原部分区域气候记录的证实，在 6.1—5.5 ka BP 出现短暂的气候干旱突变事件，也与其他研究成果中提到的 5.5 ka BP 前后出现干旱化事件基本吻合；但就部分研究成果认为鄂尔多斯高原中全新世气候总体干旱的观点，与本书研究结论不一致。综合考虑，我们更倾向于支持中全新世气候总体温湿的观点，且认为存在气候干旱事件，只不过干旱事件的起止时间和干旱化的程度存在差异。因此，对于中全新世鄂尔多斯高原气候总体干旱的观点我们还需进一步研究和考证。

6.2 展望

本书以内蒙古鄂尔多斯高原毛乌素沙地内的苏贝淖湖区流域为研究对象，

通过研究区内两个剖面沉积物的粒度、磁化率、地球化学元素等多代用指标的综合分析，重建了苏贝淖流域全新世的环境演变历史，这对于进一步了解和认识干旱、半干旱典型生态脆弱区的气候环境演变规律具有重要意义。但是由于各种原因及主观条件的限制，本书在具体的研究过程中还存在许多问题和不足之处，没有达到预期的研究目标，期望在今后的工作中能够予以完善。

（1）剖面年代问题。虽然本书使用加速器质谱 ^{14}C 测年和光释光测年两种方法测定了 12 个样品年龄（^{14}C 样品 2 个，光释光样品 10 个），且测年结果较为理想，但是我们认为样品年龄还是偏少，尤其是没有采集到更多的 ^{14}C 样品，这就无法将释光年龄和 ^{14}C 年龄进行全面的对比，也无法更加准确地建立剖面短时间尺度的年代序列，只能根据沉积速率用线性内插或外推来确定，这对于进行高分辨率全新世气候演变研究而言是不够的。

（2）代用指标的环境指示问题。本书共选取了五大类代用指标进行气候记录分析，由于环境演化过程很复杂，各指标对环境变化的敏感性有很大差异，因此，在具体的分析过程中，代用指标的环境指示意义有时候不够明确，具有多解性，其量的变化在诸多可能的影响因素中如何确定主导因素，往往较难把握。例如，利用地球化学元素指标分析环境变化时，常量元素组分 K_2O、Na_2O 含量变化所指示的气候环境变化与其他指标相比不具统一性，环境意义不明确，究竟什么原因所致，我们还没有找到更为合理的解释。

（3）环境演变的驱动机制问题。本书未能对气候环境变化的规律和成因机制进行详细的探讨，在后面的工作中还需要加强多区域性的对比，更加深入详细地探讨我国西部典型季风边缘区气候环境变化的规律和驱动机制。

综上所述，本书中的研究区是第四纪环境演化研究的重要地理区域，目前关于该区域的研究成果并不多，且相互之间存在差异，因此还需要投入更多的研究工作，在不同区域开展类似的沉积记录研究，避免以点带面研究所带来的片面性。

参 考 文 献

安芷生，符涂斌. 2001. 全球变化科学的进展. 地球科学进展，16（5）：671-680.

安芷生，王位达，李华梅. 1977. 洛川黄土剖面的古地磁研究. 地球化学，（4）：230-249.

安芷生，吴锡浩，汪品先，等. 1991a. 最近130ka中国的古季风——Ⅰ. 古季风记录. 中国科学（B辑 化学 生命科学 地学），（10）：1076-1081.

安芷生，吴锡浩，汪品先，等. 1991b. 最近130ka中国的古季风——Ⅱ. 古季风记录. 中国科学（B辑 化学 生命科学 地学），（11）：1209-1215.

百度百科. 第四纪地质学. http://baike.baidu.com/view/197041.htm.

曹广超，马海州，王晨华. 2008. 鄂尔多斯高原中部5.8~4.5 Cal ka BP气候旋回的地层记录. 干旱区研究，25（2）：253-258.

曹红霞. 2003. 毛乌素沙地全新世地层及沉积环境记录. 西北大学硕士学位论文.

曹建廷，徐爱馥，王苏民，等. 1999. 内蒙岱海湖岩芯碳酸盐含量变化与气候环境演化. 海洋湖沼通报，4：21-26.

曹建廷，沈吉，王苏民，等. 2001. 内蒙古岱海地区小冰期气候演化特征的地球化学记录. 地球化学，30（3）：231-235.

陈伴勤，方修琦. 2004. 全球变化区域适应研究的主要科学问题. 地球科学进展，19（4）：664-665.

陈碧珊. 2010. 汖海湖全新世沉积记录高分辨率古气候研究. 广州大学硕士学位论文.

陈道公，支霞臣，杨海涛. 2009. 地球化学. 合肥：中国科学技术大学出版社.

陈杰，卢演俦，魏兰英. 1999. 第四纪沉积物光释光测年中等效剂量测定方法的对比研究. 地球化学，28（5）：443-452.

陈敬安. 2000. 湖泊现代沉积物高分辨率环境记录研究. 中国科学院地球化学研究所博士学位论文.

陈敬安，万国江. 1999. 云南洱海沉积物粒度组成及其环境意义辨识. 矿物学报，19（2）：175-182.

陈敬安，万国江. 2000. 洱海沉积物粒度记录与气候干湿变迁. 沉积学报，18（3）：341-345.

陈敬安，万国江，汪福顺，等. 2002. 湖泊现代沉积物碳环境记录研究. 中国科学（D辑），32（1）：73-80.

陈骏，安芷生，汪永进，等. 1998. 最近800ka 洛川黄土剖面中 Rb/Sr 分布和古季风变迁. 中国科学（D辑），28（6）：498 -504.

陈克造，Bowler J M. 1985. 柴达木盆地察尔汗盐湖沉积特征及其古气候演化的初步研究. 中国科学（B辑），（5）：463-473.

陈克造，Bowler I M，Kelt K. 1990. 四万年来青藏高原的气候变迁. 第四纪研究，1：21 -31.

陈力奇. 2003. 南极地区与全球变化集成研究展望. 地球科学进展，19（1）：134-138.

陈淑娥，李虎侯，庞奖励. 2003. 释光测年的研究简史及研究现状. 西北大学学报（自然科学版），33（2）：209-211.

陈渭南，高尚玉，邵亚军，等. 1993. 毛乌素沙地全新世孢粉组合与气候变迁. 中国历史地理论丛，1：39-54.

陈渭南，高尚玉，孙忠. 1994. 毛乌素沙地全新世地层化学元素特点及其古气候意义. 中国沙漠，14（1）：22-30.

陈渭南，宋锦熙，高尚玉，等. 1994. 从沉积重矿物与土壤养分特点看毛乌素沙地全新世环境变迁. 中国沙漠，14（3）：1-9.

陈宜瑜，陈伴勤，葛全胜，等. 2002. 全球变化研究进展与展望. 地学前缘，9（1）：11-18.

成艾颖，余俊清，张丽莎，等. 2010. XRF 岩芯扫描分析方法及其在湖泊沉积研究中的应用. 盐湖研究，18（2）：7-13.

成都地质学院陕北队. 1976. 沉积岩（物）粒度分析及其应用. 北京：地质出版社.

丁锡祉. 1994. 中国全新世的环境演化. 四川师范大学学报（自然科学版），17（3）：46-52.

董光荣，李保生，高尚玉. 1983. 由萨拉乌苏河地层看晚更新世以来毛乌素沙漠的变迁. 中国沙漠，3（3）：9-14.

董光荣，苏志珠，靳鹤龄. 1998. 晚更新世萨拉乌苏组时代的重新认识. 科学通报，43（17）：1869-1872.

段丽琴. 2011. 渤海湾与长江口稀有元素生物地球化学特征与沉积环境演变分析. 中国科学院研究生院博士学位论文.

冯增昭. 1993. 沉积岩石学（下册）. 北京：石油工业出版社.

符超峰，宋友桂，强小科. 2009. 环境磁学在古气候环境研究中的回顾与展望. 地球科学与环境学报，31（3）：312-322.

高尚玉，董光荣，李传珠. 1985. 萨拉乌苏河第四纪地层中化学元素的迁移和聚集与古气候的关系. 地球化学，14（3）：269-276.

高尚玉，董光荣，李保生，等. 1988. 萨拉乌苏河地区地层中碳酸钙和易溶盐含量变化与气候环境. 干旱区资源与环境，2（4）：41-48.

高尚玉，陈渭南，靳鹤龄，等. 1993. 全新世中国季风区西北缘沙漠演化初步研究. 中国科学（B辑），23（2）：202-208.

葛全胜，陈伴勤，方修琦，等. 2004. 全球变化的区域适应研究：挑战与研究对策. 地球科学进展，19（4）：516-524.

关友义. 2010. 内蒙古浩来呼热全新世以来气候环境演变的湖泊沉积记录. 中国地质科学院硕士学位论文.

关有志，陈振英，贾惠兰. 1986. 萨拉乌苏河地区第四纪地层中的元素分布与古气候. 中国沙漠，6（1）：32-35.

郭兰兰. 2005. 鄂尔多斯高原全新世气候与环境变化研究. 兰州大学硕士学位论文.

郭之虞. 1998. 高精度加速器质谱 ^{14}C 测年. 北京大学学报（自然科学版），34（2-3）：201-206.

何彤慧，王乃昂，李育，等. 2006. 历史时期中国西部开发的生态环境背景及后果——以毛乌素沙地为例. 宁夏大学学报（人文社会科学版），28（2）：26-31.

何渊. 2006. 鄂尔多斯盆地沙漠高原区湖泊和潜水面蒸发能力研究. 长安大学硕士学位论文.

何哲峰. 2009. 黄河河套段更新世晚期古湖问题的初步研究. 中国地质科学院硕士学位论文.

胡东升. 2001. 察尔汗盐湖研究. 长沙：湖南师范大学出版社.

胡守云，王苏民，Appel E，等. 1998. 呼伦湖湖泊沉积物磁化率变化的环境磁学机制. 中国科学（D辑），28（4）：335-339.

湖泊及流域学科发展战略研究秘书组. 2002. 湖泊及流域科学研究进展与展望. 湖泊科学，14（4）：289-300.

黄昌庆，冯兆东，马玉贞，等. 2009. 巴汗淖孢粉记录的全新世环境变化. 兰州大学学报（自然科学版），45（8）：7-12.

黄麒. 1990. 柴达木盆地察尔汗湖区气候波动模式的初步研究. 中国科学(B辑),（6）:652-663.

黄麒，韩凤清. 2007. 柴达木盆地盐湖演化与古气候波动. 北京：科学出版社.

黄小忠. 2006. 新疆博斯腾湖记录的亚洲中部干旱区全新世气候变化研究. 兰州大学博士学位论文.

贾建军, 高抒, 薛允传, 等. 2002. 图解法与矩法沉积区粒度参数对比. 海洋与湖沼, 33（6）: 577-582.

贾耀峰, 黄春长, 庞奖励, 等. 2005. 释光测年在应用研究方面的新进展. 陕西师范大学学报（自然科学版）, 33（4）: 115-121.

蒋敬业. 2009. 应用地球化学. 武汉: 中国地质大学出版社.

金明. 2005. 居延泽湖泊演化与全新世环境变化研究. 兰州大学博士学位论文.

金章东, 王苏民, 沈吉, 等. 2001. 内陆湖泊流域的化学风化及气候变化——以内蒙古岱海为例. 地质论评, 47（1）: 42 -46.

金章东, 王苏民, 沈吉, 等. 2004. 全新世岱海流域化学风化及其对气候事件的响应. 地球化学, 33（1）: 29-35.

靳鹤龄, 苏志珠, 孙忠浑, 等. 2003. 浑善达克沙地全新世中晚期地层化学元素特征及其气候变化. 中国沙漠, 23（4）: 366-371.

靳鹤龄, 苏志珠, 孙良英, 等. 2004. 浑善达克沙地全新世气候变化. 科学通报, 49（15）: 1532-1536.

靳鹤龄, 肖洪浪, 张洪, 等. 2005. 粒度和元素证据指示的居延海 1.5 ka BP 来环境演化. 冰川冻土, 27（2）: 233-240.

赖忠平, 张景昭, 卢演俦. 2001. 沙漠黄土边界带湖相沉积糜地湾剖面红外光释光测年. 海洋地质与第四纪地质, 21（1）: 75-79.

李炳元, 张青松, 王富葆. 1991. 喀喇昆仑山-西昆仑山地区湖泊演化. 第四纪研究,（1）: 64-70.

李华章, 刘清泗, 汪家兴. 1992. 内蒙古高原黄旗海、岱海全新世湖泊演变研究. 湖泊科学, 4（1）: 31-39.

李小强, 周卫建, 安芷生, 等. 2000. 沙漠/黄土过渡带 13ka BP 以来季风演化的古植被记录. 植物学报, 42: 868-872.

李协. 1926. 太湖东洞庭山调查记. 科学, 11（12）: 1778-1784.

李长傅译. 1935. 罗布泊考. 新亚细亚月刊, 10（5）: 1-5.

联合国社会发展研究所. 1997. 全球化背景下的社会问题. 北京: 北京大学出版社.

刘东生. 1985. 黄土与环境. 北京: 科学出版社.

刘嘉麒, 倪云燕, 储国强. 2001. 第四纪的主要气候事件. 第四纪研究, 21（3）: 239-248.

刘永, 余俊清, 成艾颖. 2011. 湖泊沉积记录千年气候变化的研究进展、挑战与展望. 盐湖研究, 19（1）: 59-65.

刘子亭，余俊清，张保华，等. 2006. 烧失量分析在湖泊沉积与环境变化研究中的应用. 盐湖研究，14（2）：67-72.

刘子亭，余俊清，张保华，等. 2008. 黄旗海岩芯烧失量分析与冰后期环境演变. 盐湖研究，16（8）：1-5.

卢演俦，尹功明，陈杰，等. 1997. 第四纪沉积物的光释光测年. 中国地质大学学报，20：668.

鲁瑞洁，王亚军，张登山，等. 2010. 毛乌素沙地 15 ka 以来气候变化及沙漠演化研究. 中国沙漠，30（2）：273-277.

牧寒. 2003. 内蒙古湖泊. 呼和浩特：内蒙古人民出版社.

强明瑞. 2002. 青藏高原北缘苏干湖湖芯记录的全新世气候变化研究. 兰州大学博士学位论文.

强明瑞，陈发虎，张家武，等. 2005. 2ka 来苏干湖沉积碳酸盐稳定同位素的气候变化. 科学通报，50（13）：1385-1393.

强明瑞，陈发虎，周爱锋，等. 2006. 苏干湖沉积物粒度组成记录尘暴事件的初步研究. 第四纪研究，26（6）：915-922.

乔树梁，杜金曼. 1996. 湖泊风浪特性及风浪要素的计算. 水利水运科学研究，（3）：189-197.

秦伯强. 1999. 近百年来亚洲中部内陆湖泊演化及其原因分析. 湖泊科学，11（1）：11-19.

秦伯强，胡维平，高光，等. 2003. 太湖沉积物悬浮的动力机制及内源释放的概念性模式. 科学通报，48（17）：1822-1831.

仇士华. 1987. 碳十四断代的加速器质谱计数方法. 考古，6：563-567.

任明达，王乃梁. 1981. 现代沉积环境概论. 北京：科学出版社.

邵亚军. 1987. 萨拉乌苏地区晚更新世以来的孢粉组合及其反映的古植被和古气候. 中国沙漠，7（2）：22-27.

申洪源，贾玉连，张红梅，等. 2006. 内蒙古黄旗海湖泊沉积物粒度指示的湖面变化过程. 干旱区地理，29（6）：457-462.

申慧彦，李世杰，于守兵，等. 2008. 青藏高原兹格塘错沉积物中碳酸盐和可溶性盐环境记录的研究. 山地学报，26（2）：189-195.

沈吉. 2009. 湖泊沉积研究的历史进展与展望. 湖泊科学，21（3）：307-313.

沈吉，王苏民，刘松玉，等. 1997. 固城湖 9.6 ka B.P.发生的一次海侵记录. 科学通报，42（13）：1412-1414.

沈吉，汪勇，羊向东，等. 2006. 湖泊沉积记录的区域风沙特征及湖泊演化历史. 科学通报，51（1）：87-91.

沈吉，薛滨，吴敬禄，等. 2011. 湖泊沉积与环境演化. 北京：科学出版社.

生物研究. 科普——信息资料库. http://www.bioon.com/popular/a/105560.shtml.

师育新. 2006. 安徽巢湖杭埠河流域环境变化的湖泊沉积地球化学记录. 中国科学院广州地球化学研究所博士学位论文.

施祺, 王建民. 1999. 石羊河古终端湖泊沉积物粒度特征与沉积环境初探. 兰州大学学报（自然科学版）, 35（1）: 186-198.

施雅风. 1992. 中国全新世大暖期气候与环境. 北京: 海洋出版社.

史培军. 1991. 地理环境演变研究的理论与实践——鄂尔多斯地区晚第四纪以来地理环境演变研究. 北京: 科学出版社.

舒强, 卫艳, 李吉均, 等. 2005. 苏北盆地兴华 1#钻孔沉积物磁化率特征及其古气候环境意义. 地质科技情报, 24（4）: 31-36.

舒强, 李吉均, 赵志军, 等. 2006. 苏北盆地 XH-1#钻孔沉积物磁化率与粒度组分相关性变化特征及其意义研究. 沉积学报, 24（2）: 276-281.

苏志珠, 董光荣, 李小强, 等. 1999. 晚冰期以来毛乌素沙漠环境特征的湖沼相沉积记录. 中国沙漠, 19（2）: 104-109.

孙继敏, 丁仲礼. 1997. 近 13 万年来黄土高原干湿气候的时空变迁. 第四纪研究, 17（2）: 168-174.

孙金铸. 1965. 内蒙古高原的湖泊. 内蒙古师范大学学报（自然科学汉文版）, 1: 45-57.

孙千里, 肖举乐. 2006. 岱海沉积记录的季风/干旱过渡区全新世适宜期特征. 第四纪研究, 26（5）: 781-790.

孙千里, 周杰, 肖举乐. 2001. 岱海沉积物粒度特征及其古环境意义. 海洋与第四纪地质, 21（1）: 93-95.

孙千里, 周杰, 沈吉, 等. 2006. 北方环境敏感带岱海湖泊沉积所记录的全新世中期环境特征. 中国科学（D 辑）, 36（9）: 838-849.

屠清瑛, 顾丁锡, 尹澄清, 等. 1990. 巢湖. 合肥: 中国科学技术大学出版社.

汪品先, 陈嘉树, 刘传联, 等. 1991. 古湖泊学译文集. 北京: 海洋出版社.

汪勇, 沈吉, 吴健, 等. 2007. 湖泊沉积物 ^{14}C 年龄硬水效应校正初探——以青海湖为例. 湖泊科学, 19（5）: 504-508.

王洪道. 1995. 中国的湖泊. 北京: 商务印书馆.

王继夏. 2009. 内蒙古浩通音查干淖尔湖泊演化与气候变化研究. 陕西师范大学博士学位论文.

王建, 刘泽纯, 姜文英. 1996. 磁化率与粒度、矿物的关系及其古环境意义. 地理学报, 51（2）: 155-163.

王绍武, 龚道溢. 2000. 全新世几个特征时期的中国气温. 自然科学进展, 10（4）: 325-332.

王苏民. 1993. 湖泊沉积的信息原理与研究趋势//张兰生. 中国生存环境历史演变规律研究. 北京：海洋出版社：22-31.

王苏民，张振克. 1999. 中国湖泊沉积与环境演变研究的新进展. 科学通报，44（6）：579-587.

王苏民，吴瑞金，蒋新禾. 1990. 内蒙古岱海末次冰期以来的环境变迁与古气候. 第四纪研究，10（3）：223-232.

王苏民，吉磊，羊向东，等. 1994. 内蒙古扎赉诺尔湖泊沉积物中的新仙女木事件记录. 科学通报，39（4）：348-351

王苏民，羊向东，马燕，等. 1996. 江苏固城湖 15ka 以来的环境变迁与古季风关系探讨. 中国科学（D辑），26（2）：137-141.

王小燕. 2000. 黄旗海湖积物中有机质及有机碳同位素的古气候意义研究. 中国科学院盐湖研究所硕士学位论文.

魏东岩，陈延成，王鉴律，等. 1995. 内蒙古伊克昭盟盐湖最近 23ka 古气候波动模式的研究. 化工矿产地质，17（4）：239-247.

魏格纳. 2006. 海陆的起源. 李旭旦译. 北京：北京大学出版社.

温小浩，李保生，Zhang D D，等. 2009. 萨拉乌苏河流域米浪沟湾剖面主元素记录的末次间冰阶气候波动. 中国沙漠，29（5）：835-844.

乌审旗志编纂委员会. 2001. 乌审旗志. 呼和浩特：内蒙古人民出版社.

吴瑞金. 1993. 湖泊沉积物的磁化率，频率磁化率及其古气候意义——以青海湖、岱海近代沉积为例. 湖泊科学，5（2）：128-135.

吴文祥，葛全胜. 2005. 全新世气候事件及其对古文化发展的影响. 华夏考古，（3）：60-67.

吴文祥，刘东生，2002. 5500 a BP 气候事件在三大文明古国古文明和古文化演化中的作用. 地学前沿，9（1）：156-162.

吴艳宏，王苏民，周立平，等. 2007. 岱海 ^{14}C 测年的现代碳库效应研究. 第四纪研究，27（4）：507-510.

夏建新，李天宏，王英，等. 2006. 全球环境变迁. 北京：中央民族大学出版社.

熊尚发，刘东生，丁仲礼. 1996. 东亚冬、夏古季风变化的相位差及热带太平洋在季风变化中的驱动作用. 第四纪研究，（3）：202-210.

徐馨，沈至达. 1990. 全新世环境——最近一万年来的环境变迁. 贵阳：贵州人民出版社.

徐旭，郑喜玉，李秉孝，等. 2002. 中国盐湖志. 北京：科学出版社.

许清海，肖举乐，中村俊夫，等. 2004. 全新世以来岱海盆地植被演替和气候变化的孢粉学证据. 冰川冻土，26（1）：73-80.

薛滨，王苏民，沈吉，等. 1994. 呼伦湖东露天矿剖面有机碳的总量及其稳定碳同位素和古环

境演化. 湖泊科学，6（4）：308-316

延军平. 2006. 秦岭南北环境响应程度比较. 北京：科学出版社.

闫慧，申怀飞，李中轩. 2011. 河南省全新世环境演变研究概述. 气象与环境科学，34（1）：
　　73-78.

羊向东，王苏民，薛滨，等. 1995. 晚更新世以来呼伦湖地区孢粉植物群发展与环境变迁. 古
　　生物学报，14（5）：647-656.

羊向东，沈吉，董旭辉，等. 2005. 长江中下游浅水湖泊历史时期营养态演化及湖泊生态响应.
　　中国科学（D辑），35（S2）：45-54.

杨保，施雅风. 2003. 40~30ka BP 中国西北地区暖湿气候的地质记录及成因探讨. 第四纪研究，
　　23（1）：60-68.

杨小强，李华梅. 2000. 陆相断陷湖盆沉积物磁组构特征及环境意义. 海洋地质与第四纪地质，
　　20（3）：43-52.

杨小强，李华梅. 2002. 泥河湾盆地沉积物粒度组分与磁化率变化相关性研究. 沉积学报，20
　　（4）：675-679.

杨勋城，文冬光，侯光才，等. 2007. 鄂尔多斯白垩系自流水盆地地下水锶同位素特征及其水
　　文学意义. 地质学报，81（3）：405-412.

杨泽元. 2004. 地下水引起的表生生态效应及其评价研究. 长安大学博士学位论文.

姚檀栋，Thomson L G. 1992. 敦德冰芯记录与过去 5ka 温度变化. 中国科学（B辑），（10）：
　　1089-1093.

姚檀栋，谢自楚，武筱舟，等. 1990. 敦德冰帽中的小冰期气候记录. 中国科学（B辑），（11）：
　　1196-1201.

尹功明，卢演俦，陈杰，等. 1997. 现代（零年龄）沉积物样品的 IRSL 信号及其等效剂量值.
　　核技术，20（8）：489-491.

于革，薛滨，刘建，等. 2001. 中国湖泊演变与古气候动力学研究. 北京：气象出版社.

余铁桥. 2009. 基于湖泊沉积的近 800 多年来巢湖环境演变研究. 上海师范大学硕士学位论文.

俞立中，许羽，许世远. 1995. 太湖沉积物的磁性特征及其环境意义. 湖泊科学，7（2）：141-150.

翟新伟. 2008. 蒙古高原全新世气候与环境变化研究. 兰州大学博士学位论文.

张虎才. 1997. 元素表生地球化学特征及理论基础. 武汉：中国地质大学出版社.

张佳华. 1998. 烧失量数值波动对北京地区过去气候和环境的特征响应. 生态学报，18（4）：
　　343-347.

张家富，周力平，姚书春，等. 2007. 湖泊沉积物的 ^{14}C 和光释光测年——以固城湖为例. 第
　　四纪研究，27（4）：522-528。

张俊辉，杨太保，李永国，等.2010.柴达木盆地察尔汗盐湖 CH0310 钻孔沉积物磁化率及其影响因素分析.沉积学报，28（4）：790-796.

张兰生.1999.全球变化.北京：高等教育出版社.

张彭熹，张保珍，杨文博.1989.青海湖冰后期以来古气候波动模式的研究.第四纪研究，（1）：66-77.

张卫国，俞立中，许羽.1995.环境磁学研究的简介.地球物理学进展，10（3）：95-105.

张新时.1994.毛乌素沙地的生态背景及其草地建设的原则与优化模式.植物生态学报，18（1）：1-16.

张振克，王苏民.2000.13ka 以来呼伦湖湖面波动与泥炭发育、风沙-古土壤序列的比较及其古气候意义.干旱区资源与环境，14（3）：56-59.

张振克，吴瑞金.2000.云南洱海流域人类活动的湖泊沉积记录分析.地理学报，55（1）：66-74.

张振克，吴瑞金，王苏民.1998.岱海湖泊沉积物频率磁化率对历史时期环境变化的反映.地理研究，17（3）：297-302.

赵澄林，朱筱敏.2001.沉积岩石学.北京：石油工业出版社.

赵华.2003.黄土细颗粒多矿物多片、单片光释光测年对比.核技术，26（1）：36-39.

赵华，Prescott J R，卢演俦，等.2001.北京延庆断层崩积物记录的古地震事件释光测年研究.中国地质，17（2）：176-186.

赵志丽.2011.内蒙古黄旗海中全新世以来的气候环境演变.中国地质科学院硕士学位论文.

中国科学院兰州地质研究所，等.1979.青海湖综合考察报告.北京：科学出版社.

中国科学院南京地理与湖泊研究所.1989.云南断陷湖泊环境与沉积.北京：科学出版社.

周卫建，周杰，萧家仪，等.1998.花粉浓缩物的加速器 ^{14}C 年代测定初探.中国科学（D）辑，28：453-458.

周亚丽，鹿化煜，Mason J A，等.2008.浑善达克沙地的光释光年代序列与全新世气候变化.中国科学（D辑），38（4）：452-462.

竺可桢.1973.中国近五千年来气候变迁的初步研究.中国科学，（2）：168-189.

Hakanson L，Jansson M.1992.湖泊沉积学原理.郑光膺译.北京：科学出版社.

Williams M A J，等.1997.第四纪环境.刘东生译.北京：科学出版社.

An Z S，Kukla G，Porter S C，et al.1991. Late Quaternary dust flow on the Chinese loess plateau. Catena，18：125-132.

Antoine P，Rousseau D D，Zöller L，et al.2001. High-resolution record of the last interglacial-glacialcycle in the Nussloch loess-palaeosol sequences，Upper Rhine area，Germany. Quaternary International，76-77（1）：211-229.

Beaudoin A. 2003. A comparison of two methods for estimating the organic content of sediments. Journal of Paleolimnology, 29: 387-390.

Begét J. 1990. Middle Wisconsinan climate fluctuations recorded in Central Alaskan loess. Geographie Physique Et Quaternaire, 44 (1): 3-13.

Bond G, Shower S W, Cheseby M, et al. 1997. A pervasive millennial-scale cycle in North Atlantic holocene and glacial climates. Science, 278: 1257-1266.

Campbell C. 1998. Late holocene lake sedimentology and climate change in Southern Alberta, Canada. Quaternary Research, 49: 96-101.

Chen C T A, Lan H C, Lou J Y, et al. 2003. The Dry Holocene Megathermal in Inner Mongolia. Palaeogeography, Palaeoclimatology, Palaeoecology, 193: 181-200.

Courty M A, Goldberg P, Macphail R. 1989. Soils and micromorphology in Archaeology. Cambridge: Cambridge University Press.

Cox R, Lowe D R, Cullers R L. 1995. The influence of sediment recycling and basement composition on evolution of mudrock chemistry in the southwestern United States. Geochimica Et Cosmochimica Acta, 59: 2919-2940.

Daryin A V, Kalugin I A, Maksimova N V, et al. 2005. Use of a scanning XRF analysis on SR beams from VEPP-3 storage ring for research of core bottom sediments from Teletskoe Lake with the purpose of high resolution quantitative reconstruction of last millennium paleoclimate. Nuclear Instruments and Methods in Physics Research Section A: Accelerators, Spectrometers, Detectors and Associated Equipment, 543 (1): 255-258.

Dean W E. 1974. Department of mineralogy and petrology downing place Cambridge. Journal of Sedimentary Petrology, 44: 242-250.

DeMenocal P B, Ortiz J, Guilderson T, et al. 2000. Abrupt onset and termination of the African humid period: rapid climate responses to gradual insolation forcing. Quaternary Science Reviews, 19: 347-361.

DeMenocal P B, Ortiz J, Lowell T V, et al. 2000. Interhemispheric climate links revealed variability during the Holocene warm periosd. Science, (288): 2198-2202.

Denton G H, Karlén W. 1973. Holocene climatic variations—their pattern and possible cause. Quaternary Research, (3): 155-205.

Ding Z L, Yu Z W, Rutter N W, et al. 1994. Towards an orbital time scale for Chinese loess deposits. Quaternary Science Reviews, 13: 39-70.

Fontes J C, Gasse F, Gibert E. 1996. Holocene environmental changes in Lake Bangong basin

（Western Tibet），Part 1：Chronology and stable isotopes of carbonates of a holocene lacustrine core. Palaeogeography，Palaeoclimatology，Palaeoecology，120：25-47.

Gajewski K，Hamilton P B，Mcneely R. 1997. A high resolution proxy-climate record from an arctic lake with annually-laminated sediments on Devon Island，Nunavut Canada. Journal of Paleolimnology，17（2）：215-225.

Godfrey-Smith D I，Huntler D J，Chen W H. 1988. Optical dating studies of quartz and feldspar sediment extracts. Quaternary Science Review，7：373-380.

GRIP members. 1993. Climate instability during the interglacial period recorded in the GRIP ice core. Nature，（364）：203-207.

Heller F，Liu T. 1984. Magnetism of Chinese loess deposits. Geophysical Journal of the Royal Astronomical Society，77（1）：125-141.

Hilgers A，Murray A S，Schlaak N，et al. 2001. Comparison of quartz OSL protocols using late glacial and holocene dune sands from Brandenburg，Germany. Quaternary Science Reviews，20：731-736.

Hodell D A，Curtis J H，Brenner M. 1995. Possible role of climate in the collapse of Classic Mayacivilization. Nature，375：391-394.

Hodell D A，Schelske C L，Fahnenstiel G L，et al. 1998. Biologically induced calcite and its isotopic composition in Lake Ontario. Limnology & Oceanography，43（2）：187-199.

Huntley D J，Godfrey-Smith D I，Thewalt M L W. 1985. Optical dating of sediments. Nature，313：105-107.

Hutchinson G E. 1957. A treatise on limnology. Vol. 1. Geography，Physics，and Chemistry. New York：John Wiley&Sons.

Jian Z M，Wang P X，Saito Y，et al. 2000. Holocene variability of the kuroshio current in the Okinawa trough，northwestern Pacific Ocean. Earth & Planetary Science Letters，（184）：305-319.

Kelts K，Hsu K J. 1978. Freshwater Carbonate Sedimentation in Lerman A.ed.Lakes'Chemistry. Geology Physics Berlin：Springer-Verlag.

Lamoureux S F，Gilbert R. 2004. A 750-yr record of autumn snowfall and temperature variability and winter storminess recorded in the varved sediments of Bear Lake，Devon Island，Arctic Canada. Quaternary Research，61（2）：134-147.

Libby W F. 1952. Radiocarbon Dating. Chicago：Uinversity of Chicago Press.

Lie Ø，Dahl S O，Nesje A，et al. 2004. Holocene fluctuations of a polythermal glacier in high-alpine eastern Jotunheimen，central-southern Norway. Quaternary Science Reviews，23：1925-1945.

Murray A S, Wintle A G. 2000. Luminescence dating of quartz using an inproved single-aliquot regenerative-dose protocol. Radiation Measurements, 32（1）: 57-73.

Nakagawa T, Kitagawa H, Yasuda Y, et al. 2003. Asynchronous climate changes in the North Atlantic and Japan during the last termination. Science, 299: 688-691.

Nesbitt H W, Young G M. 1982. Early proterozoic climates and plate motions inferred from major element chemistry of lutites. Nature, 299: 715-717.

O'Brien S R, Meeker L D, Meese D A, et al. 1995. Complexity of holocene climate as reconstructed from a Greenland ice core. Science, （270）: 1962-1964.

Pedersen T F. 1983. Increased productivity in the eastern equatorial Pacific during the last glacial maximum. Geology, 11（1）: 16-19.

Peng Y J, Xiao J L, Nakamura T, et al. 2005. Holocene East Asian monsoonal precipitation pattern revealed by grain-size distribution of core sediments of Daihai Lake in Inner Mongolia of north-central China. Earth and Planetary Science Letters, 233: 467-479.

PYEK. 1991. Aerolian Dust and Dust Sediment. Beijing: Ocean Publishing House.

Rees-Jones J. 1995. Optical dating of young sediments using fine-grain quartz. Ancient TL, 13（2）: 9-14.

Rendell H M, Webster S E, Sheffer N L. 1994. Underwater bleaching of signals from sediment grains: new experimental data. Quaternary Science Reviews, 13: 433-435.

Santisteban J I, Mediavilla R, Lopez-Parno E, et al. 2004. Loss on ignition: a qualitative or quantitative method for organic matter and carbonate mineral content in sediments. Journal of Paleolimnology, 32: 287-299.

Selley R C. 1968. A classification of paleocurrent models. The Journal of Geology, 76（1）: 99-110.

Shen J, Liu X, Wang S, et al. 2005. Palaeoclimatic changes in the Qinghai Lake area during the last 18000 years. Quaternary International, 136: 131-140.

Shepard F P. 1954. Nomenclature based on sand-site-clay ratios. Journal of Sedimentary Geology, 24（3）: 151-158.

Stager J C, Mayewski P A. 1997. Abrupt early to mid-holocene climatic transition registered at the equator and the poles. Science, （276）: 1834-1836.

Stokes S, Hetzel R, Bailey R M, et al. 2003. Combined IRSL-OSL single aliquot regeneration （SAR）equivalent dose（De）estimates from source porximal Chinese loess. Quatenary Science Reviews, 22: 975-983.

Weiss H, Courty M A, Wetterstrom W, et al. 1993. The genesis and collapse of third millennium

North Mesopotamian civilization. Science, 262（20）: 995-1004.

Wintle A G, Murray A S. 2006. A review of quartz optically stimulated luminescence characteristic and their relevance in single-aliquot regeneration dating protocols. Radiation Measurements, 41（4）: 369-391.

Wood P B. 1994. Optically stimulated luminescence dating of a late quaternary shoreline deposit, Tunisia. Quaternary Science Review, 13（5-7）: 513-516.

Wu Y, Lücke A, Wünemann B, et al. 2007. Reservoir age in the central Tibetan Plateau: A case study in Co Ngoin and ZigêTangco.（submitted to Radiocarbon, under review）.

Xiao J, Xu Q, Nakamura T, et al. 2004. Holocene vegetation variation in the Daihai Lake region of North-central China: a direct indication of the Asian monsoon climatic history. Quaternary Science Reviews, 23: 1669-1679.

Zolitschka B, Brauer A, Negendank J F W, et al. 2000. Annually dated late Weichselian continental paleoclimate record from the Eifel, Germany. Geology, 28（9）: 783-786.